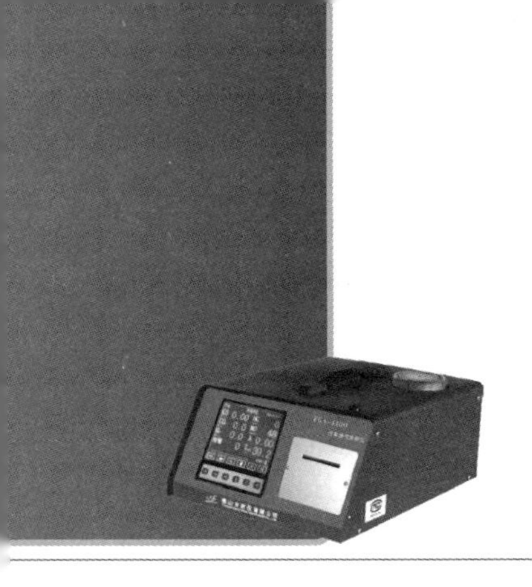

汽车排气污染物检验

白云川 主编

化学工业出版社
·北京·

内容提要

本书系统地介绍了汽车污染物检验的国内工作现状和相关基本知识，按照国家新标准介绍了环保检验的技术要求和检验方法，并结合行业内汽车环保检验仪器设备占有率，介绍了典型仪器设备的结构原理以及使用等内容。本书内容翔实，图文并茂，实用性强。

本书是汽车环保检验行业及相关专业技术人员日常工作的重要学习参考资料，也可供汽车环保检验相关专业院校师生参考。

图书在版编目（CIP）数据

汽车排气污染物检验/白云川主编. —北京：化学工业出版社，2020.8

ISBN 978-7-122-37066-2

Ⅰ.①汽…　Ⅱ.①白…　Ⅲ.①汽车排气污染-空气污染监测　Ⅳ.①X831

中国版本图书馆CIP数据核字（2020）第089967号

责任编辑：辛　田　　文字编辑：冯国庆

责任校对：宋　玮　　装帧设计：王晓宇

出版发行：化学工业出版社（北京市东城区青年湖南街13号　邮政编码100011）

印　　刷：三河市航远印刷有限公司

装　　订：三河市宇新装订厂

787mm×1092mm　1/16　印张9¼　字数222千字　2020年8月北京第1版第1次印刷

购书咨询：010-64518888　　售后服务：010-64518899

网　　址：http://www.cip.com.cn

凡购买本书，如有缺损质量问题，本社销售中心负责调换。

定　　价：68.00元

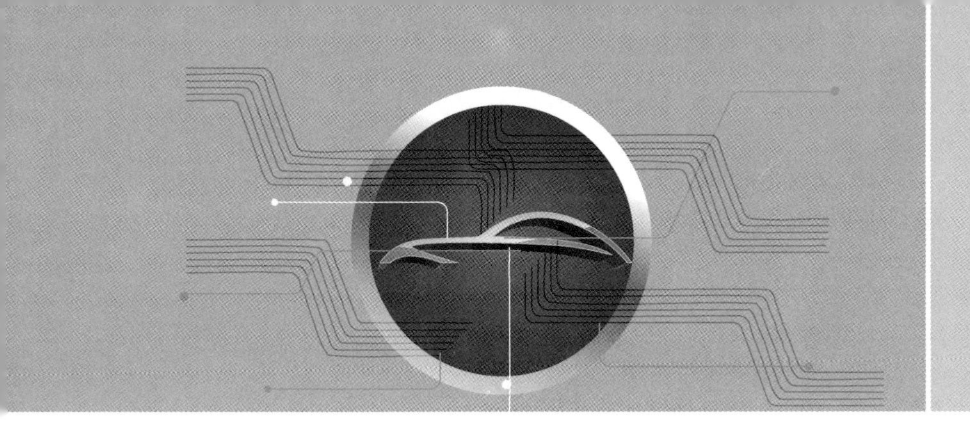

前言

据公安部统计，2019 年新注册登记机动车 3124 万辆，机动车保有量达 3. 14 亿辆，其中汽车保有量达 2. 6 亿辆，新注册登记汽车 2578 万辆，增加 2122 万辆，增长 8. 83%；机动车驾驶人达 4. 35 亿人，其中汽车驾驶人 3. 97 亿人。 全国 66 个城市汽车保有量超过百万辆，30 个城市超过 200 万辆。 其中，北京、成都、重庆、苏州、上海、郑州、深圳、西安、武汉、东莞、天津 11 个城市汽车保有量超过 300 万辆。 小型载客汽车保有量达 2. 2 亿辆，增加了 1926 万辆，增长 9. 37%。 其中私家车保有量达 2. 07 亿量，首次突破了 2 亿辆，近 5 年年均增长 1966 万辆。 载货汽车保有量达 2570 辆，新注册登记 326 万辆，再创历史新高。

随着机动车保有量的增加，城市机动车排放污染问题日益突出。 2018 年全国环保工作会议中，重点强调了机动车污染物排放控制，将控制机动车排放作为“全面启动打赢蓝天保卫战作战计划”十大工程之一，提出了对重点区域提前实施机动车国六排放标准，建立“天、地、车、人”一体化的机动车排放监控系统；对高排放车辆进行全天候、全方位实时监控，严厉打击柴油货车超标排放；加快淘汰老旧汽车和非道路移动工程机械、农业机械和船舶，鼓励新能源运输车辆、船舶的推广使用。

对在用汽车排气污染物实行检测/维护（I/M）制度可保障汽车排放控制系统在车辆的整个使用寿命期内都能正常发挥作用。 I/M 制度通过检测辨别出造成严重污染或保养差的有问题车辆，经过必要的维修后使车辆排放控制装置保持在正常水平，对机动车污染控制起到很重要的作用。

本书由陆军军事交通学院白云川任主编，陈成法、李泽华任副主编，参与编写还有徐臻圆、金灵、杨玉琦、郭丽莉、张大鹏、赵文婷和薛元飞。

由于笔者水平有限，书中不足之处在所难免，希望广大读者批评指正。

编者

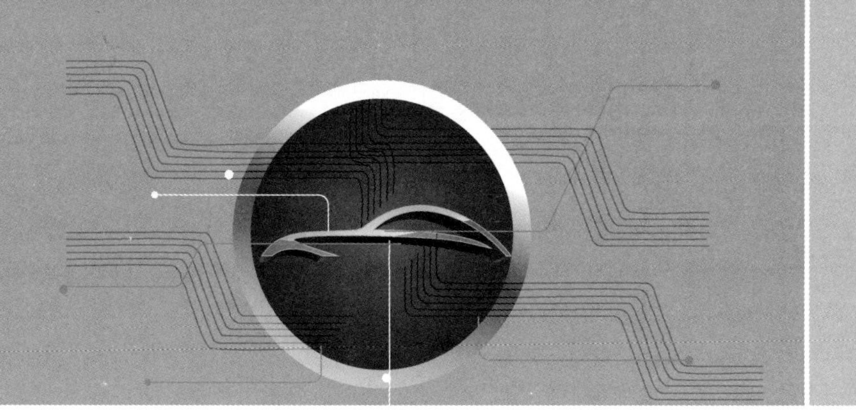

目录

第一章　汽车排气污染物检验基本知识

第二章　汽车排气污染物检验要求

第六章　检验机构资质认定

第七章　机动车环保检测

参考文献

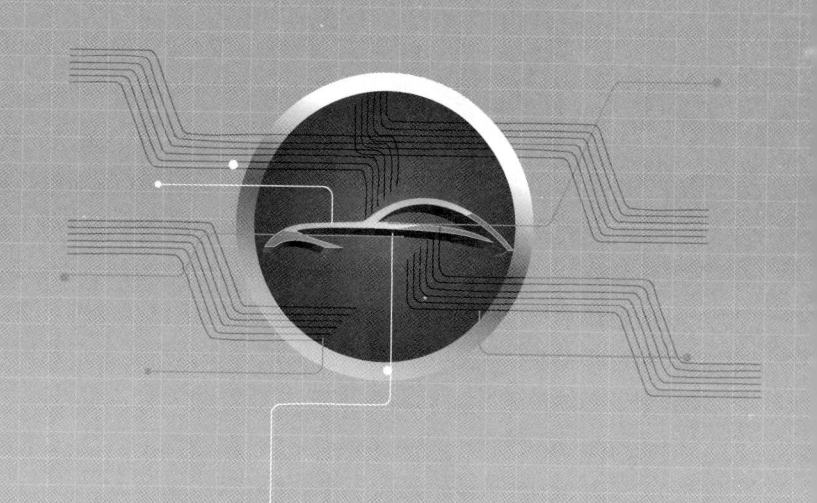

第一章 汽车排气污染物检验基本知识

汽车的发明，加快了人员、物资、信息的流动，缩短了空间距离，节约了时间，加快了社会的发展，具有里程碑意义。汽车工业的快速发展，促进了国民经济的发展，同时带来诸多社会问题，其中排放污染问题日益突出。了解和掌握排气污染物检验的基本知识将有助于排放污染物的控制和处理。

本章主要介绍汽车排气污染物检验概况、基本概念、污染物的形成和危害以及检验技术标准等。

第一节 汽车排气污染物检验概况

一、汽车排放污染物

汽车排放是指汽车的排气排放物、蒸发排放物、曲轴箱排放物的总称。排气排放物指发动机排气管排出的废气中的CO、HC、NO_x、SO_x、铅化合物、炭烟微粒等。蒸发排放物指油箱、燃料供给系统、润滑系统蒸发或溅出的有害油气，汽车上涂料的溶剂蒸气等。曲轴箱排放物指曲轴箱通风孔溢出的烃类化合物等有害物质。

汽车排放污染物是汽车排出和放出的有害物的简称。汽车排放污染物中包含很多成分，其中基本成分是二氧化碳、水蒸气、过剩的氧气以及存留下的氮气。它们是燃料在空气中完全燃烧后的产物，从毒物学的观点看排气中的这些成分是无害的。除上述成分外，汽车排放污染物中还包含不完全燃烧的产物和燃烧反应的中间产物，包括人们熟悉的一氧化碳(CO)、二氧化硫（SO_2）；目前特别引起人们关注的是，产生温室效应的二氧化碳（CO_2）及甲烷（CH_4）等物质；形成光化学烟雾的氮氧化合物（NO_x）及未燃烃（HC）等物质；以及会致癌的附在炭烟微粒上的多环芳香烃（PAN）等物质。这些成分的质量总和在汽车排气中所占的比例不大，例如汽油车中只占5%，柴油车中还不到1%，但是它们中大部分都是有害的，或是有强烈的刺激性臭味，有的还有致癌作用，因此被列为有害排放物。

1. 国外汽车排气污染物现状

从德国人卡尔·本茨（1844～1929年）于1885年10月研制成功世界上第一辆汽车开

始，汽车工业发展经历了上百年。在汽车发展的历程中，德国是汽车的发明国，奠定了汽车工业的基础；法国巴黎道路宽阔，且有奢华风尚，带动了汽车需求，庞哈德·莱瓦索马车制造公司获得戴姆勒高速汽油机在法国生产的专利权，促进了汽车的初期发展；美国福特公司发明的流水线生产方式，不仅大幅度降低了汽车成本、扩大了汽车生产规模、创造了一个庞大的汽车工业，而且使当时世界上的大部分汽车生产从欧洲移到了美国。汽车工业的发展和繁荣，必然带来一些负面的影响，如交通问题、能源问题等，而环境污染作为突出问题之一，越来越影响着人们的生活。

（1）美国洛杉矶光化学烟云事件

洛杉矶位于美国西南海岸，西面临海，三面环山，是个阳光明媚、气候温暖、风景宜人的地方。早期金矿、石油和运河的开发，加之得天独厚的地理位置，使它很快成为了一个商业、旅游业都很发达的港口城市。从20世纪40年代初开始，人们就发现这座城市一改以往的“温柔”，变得“疯狂”起来。每年从夏季至早秋，只要是晴朗的日子，城市上空就会出现一种弥漫天空的浅蓝色烟雾，使整座城市上空变得浑浊不清。这种烟雾使人眼睛发红、咽喉疼痛、呼吸憋闷、头昏、头痛。1943年以后，烟雾更加肆虐，以致远离城市100km以外的海拔2000m高山上的大片松林也因此枯死，柑橘减产。这就是最早出现的新型大气污染事件——光化学烟雾污染事件。仅1950～1951年，美国因大气污染造成的损失就达15亿美元。

（2）英国伦敦烟雾事件

1952年12月，伦敦上空出现逆温现象，空气处于十分稳定状态，这就造成了工厂排放的废气、汽车尾气等聚集在空中不易向上扩散和稀释。同时英国大部分处于高气压控制之下，多下沉气流，污染物难以向高层大气扩散，造成了严重的空气污染。在发生烟雾的1周中，48岁以上人群死亡率是平时的3倍；1岁以下人群的死亡率是平时的2倍。在这1周内，伦敦市民因支气管死亡704人，冠心病死亡281人，心脏衰竭死亡244人，结核病死亡77人，分别为前1周的9.5倍、2.4倍、2.8倍和5.5倍，此外肺炎、肺癌、流行性感冒等呼吸系统疾病的发病率也显著增加。在此后的2个月内，又有近8000人因为烟雾事件死于呼吸系统疾病。

（3）德国森林枯死事件

联邦德国共有森林740万公顷，到1983年为止有34%染上枯死病，每年枯死的蓄积量占同年森林生长量的21%以上，先后有80多万公顷森林被毁。这种枯死病来自酸雨之害。在巴伐利亚国家公园，由于酸雨的影响，几乎每棵树都得了病，景色全非。黑森州海拔500m以上的枞树相继枯死，全州57%的松树病入膏肓。巴登符腾堡州的“黑森林”是因枞、松绿得发黑而得名，是欧洲著名的度假圣地，也有一半树染上枯死病，树叶呈黄褐并脱落，其中46万亩（1亩=666.67m^2）完全死亡。汉堡也有3/4的树木面临死亡。当时鲁尔工业区的森林里，到处可见秃树、死鸟、死蜂，该区儿童每年有数万人感染特殊的喉炎症。

（4）希腊雅典“紧急状态事件”

1989年11月2日上午9时，希腊首都雅典市中心大气质量监测站显示，空气中二氧化碳浓度为318mg/m^3，超过国家标准（200mg/m^3）59%，发出了红色危险信号。11时浓度升至604mg/m^3，超过500mg/m^3紧急危险线。中央政府当即宣布雅典进入“紧急状态”，禁止所有私人汽车在市中心行驶，限制出租汽车和摩托车行驶，并令熄灭所有燃料锅炉，主要工厂削减燃料消耗量50%，学校一律停课。中午，二氧化碳浓度增至631mg/m^3，超过历史最高纪录。一氧化碳浓度也突破危险线。许多市民出现头疼、乏力、呕吐、呼吸困难等中毒症状。市区到处响起救护车的呼啸声。16 时 30 分，戴着防毒面具的自行车队在大街上示威游行，高喊“要污染，还是要我们!”“请为排气管安上过滤嘴!”。

2. 我国汽车排气污染物现状

汽车工业发展带来便利的同时，也带来大量的负面影响，尤其是机动车排放污染问题日益突出。

（1）20 世纪 80 年代

1977 年 12 月 12～16 日，沈阳因为城市大气污染过于严重，有 2000 多人先后因急性中毒而住院，45 人窒息而死。据我国 20 个大中城市的统计，每年因大气污染患慢性支气管炎的有 150 万人，有 2 万～3 万人死于呼吸道疾病，每年有 17.7 万人患肺心病，死亡人数为 1.3 万。

1988 年 12 月 17 日《中国环境报》报道：乌鲁木齐市连续 16 天有弥天的烟雾笼罩在市区上空，致使汽车不能快速行驶，民航班机一次又一次延期飞行。乌鲁木齐地处三面环山的区域，形成一个天然的小盆地，这种不利条件致使大气扩散能力较差，造成冬季逆温层气象，导致乌鲁木齐经常笼罩在烟雾之中。

1988 年冬天，古城西安市一直被烟雾笼罩着。据 1988 年 12 月 1 日以后的 40 天监测，大气能见度低于 1km 的就有 30 天，大气中二氧化硫、氮氧化合物分别超过国家一级标准的几倍，西安机场整天被烟雾包围，50%以上的航班不能正常起飞。

（2）20 世纪 90 年代

据 1992 年《中国大气环境污染状况》的统计：1992 年，全国废气排放量 10.5 万亿立方米。废气中烟尘排放量 1414 万吨，比上年增长 7.6%；二氧化硫排放量 1685 万吨，比上年增长 3.9%；工业粉尘排放量 576 万吨，比上年下降 0.5%，这些数字并不包括我国众多的乡镇工业。

（3）2013 年

2013 年 1 月 28 日，我国中东部地区出现大范围雾霾天气，导致空气质量持续下降，大面积、长时间的雾霾覆盖了 1/7 国土。中央气象台除了发布大雾预警外，同时也发布了霾蓝色预警信号，这是我国首次发布单独的霾预警。从 2 月 20 日起，我国 1/5 的国土遭遇雾霾，其中重雾霾覆盖区域达 81 万平方千米，多地多次出现 PM2.5 数据超过 500。2013 年 11 月，中国社会科学院、中国气象局联合发布了《应对气候变化报》，指出近 50 年来中国的雾霾天气总体呈增加趋势，雾日数明显减少，霾日数明显增加，且持续性霾过程显著增加。有报告显示，中国的 500 个大中城市中，只有不到 1%的城市达到世界卫生组织推荐的空气质量标准，与此同时，世界上最严重的 10 个城市有 7 个在中国。

（4）2018 年

中华人民共和国生态环境部公布了污染物排放数据：机动车四项污染物排放总量为 4359.7 万吨，其中，CO 3327.3 万吨，HC 407.1 万吨，NO_x 574.3 万吨，PM 50.9 万吨。从北京等许多大中城市的 PM2.5 源解析结果看，机动车等移动源已经成为首要污染源。在用汽车车队排放结构明显升级，以国三及以上阶段的车辆为主，占到 90%以上。2018 年全国环保工作会议中，重点强调了机动车污染物排放控制，将控制机动车排放作为“全面启动打赢蓝天保卫战作战计划”十大工程之一。提出了对重点区域提前实施机动车国六排放标准，建立“天、地、车、人”一体化的机动车排放监控系统；对高排放车辆进行全天候、全方位实时监控，严厉打击柴油货车超标排放；加快淘汰老旧汽车和非道路移动工程机械、农业机械和船舶，鼓励新能源运输车辆、船舶的推广使用。

二、汽车污染物检验

从1943年美国洛杉矶出现光化学烟云以后，人们逐步明确了汽车排放是大气污染的主要来源。1960年以后突显汽车排气污染环境和交通事故等社会问题，还出现了“反汽车论”。随着各国汽车保有量的增多，各国政府相继制定了限制汽车排放的法规。此类标准随时间推移愈加严格，实施的国家和区域渐次增多。从此，汽车环保成为引领汽车技术发展的重要课题，推动了如发动机稀薄燃烧、高能点火、尾气催化转化等环保技术的出现与发展。

1. 国外汽车污染物检验

（1）美国

1961年美国加利福尼亚州颁布了世界上第一部汽车排放法规。美国1966年实施汽车排气污染防止法，1967年实施联邦汽车安全标准（FMVSS）；20世纪70年代末，美国先后颁布并实施了《国家环境政策法》《清洁空气法》，并在1977年和1990年进行了重大修改。通过采取大气污染防治对策，达到国家空气质量标准（NAAQS）。

（2）欧盟

欧洲各国针对大气污染物的跨界输送问题，签署了一系列跨国协议，这些协议规定了一定期限内各国的硫氧化合物、氮氧化合物等跨国输送的大气污染物削减量。1979年在联合国欧洲经济委员会的支持下，欧盟各国签署了远距离跨国界空气污染条约；1985年在芬兰赫尔辛基签署了“第一硫协议”（赫尔辛基协议），对硫的排放进行了限制；1994年签署的第二硫协议（奥斯陆协议）第一次在生态系统的沉降方面制定了若干方法以减少实际沉降和临界沉降量之间的差距，协议形成了国家排放减少约定，不同国家的约定不同；1999年在丹麦哥本哈根签订了哥本哈根协议，针对硫氧化合物、氮氧化合物、氨和有机挥发物的排放制定了2010年的排放限制。20年间欧洲空气污染控制的国际合作在减少排放和改进环境质量方面作用明显，1980～1996年欧洲二氧化硫排放量从6000万吨减少到3000万吨，根据哥本哈根协议，欧洲的硫排放量在2010年前再减少50％。欧洲空气污染控制的下一步将继续对烟雾和细颗粒采取措施。

（3）2015年德国“大众排放门”丑闻

随着汽车工业的高速发展，各国对汽车排放污染物控制越发重视。2015年9月18日，美国环境保护署指控大众汽车所售部分柴油车安装了专门应对尾气排放检测的软件，可以识别汽车是否处于被检测状态，继而在车检时秘密启动，从而使汽车能够在车检时以“高环保标准”过关，而在平时行驶时，这些汽车却大量排放污染物，最大可达美国法定标准的40倍。违规排放涉及的车款包括2008年之后销售的捷达、甲壳虫、高尔夫、奥迪A3，以及2014～2015年款帕萨特。根据美国《清洁空气法》，每辆违规排放的汽车可能会被处以最高3.75万美元的罚款，总额高达180亿美元。2019年4月，德国布伦瑞克检察院宣布，根据对大众汽车“排放门”事件的阶段性调查结果，对包括前总裁文德恩在内的5名被告正式提起诉讼。此前一天，德国另一汽车巨头——奔驰母公司戴姆勒集团也因涉嫌用软件造假汽车尾气检测数据，再次受到德国汽车行业监管机构——联邦汽车交通局的调查。

2. 我国汽车污染物检验

随着全球工业化持续发展，能源资源消耗持续增加，环境污染防治压力继续加大。为切实保护和改善人类生存环境，1972 年，联合国决定在瑞典斯德哥尔摩召开一次人类环境会议。会议结束后，我国代表团根据会议发的一些环境问题材料，对照中国的情况，发现中国的环境问题已经相当严重。大气污染、水质污染、固体废弃物污染以及生态破坏，都已经达到比较严重的程度。同年，我国北京、大连等地发生了几件较大的环境事件。在这样的历史背景下，国务院决定立即召开一次全国性的会议，要求对于环境保护问题，不仅国家有关部门应该重视，还要使得全国各级领导都重视。1973 年 8 月 5～20 日，在北京召开了第一次全国环境保护会议，审议通过了“全面规划、合理布局、综合利用、化害为利、依靠群众、大家动手、保护环境、造福人民”的环境保护工作 32 字方针和中国第一个环境保护文件——《关于保护和改善环境的若干规定》。至此，中国环境保护事业开始起步。

1973 年 11 月 17 日，国家计委、国家建委、卫生部联合批准颁布了中国第一个环境标准——《工业“三废”排放试行标准》。1974 年 10 月 25 日，国务院环境保护领导小组正式成立。之后，各省、自治区、直辖市和国务院有关部门也陆续建立起环境管理机构和环保科研、监测机构，在全国逐步开展了以“三废”治理和综合利用为主要内容的污染防治工作。为了尽快控制环境恶化，改善环境质量，1974～1976 年连续下发了三个制定环境保护规划的通知，并提出了“5 年控制，10 年解决”的长远规划目标。尽管因缺乏科学的预测分析，目标不切合实际，但仍是一大进步。1977 年 4 月，国家计委、国家建委和国务院环境保护领导小组联合下发了《关于治理工业“三废”，开展综合利用的几项规定》的通知。1978 年 2 月，五届人大一次会议通过的《中华人民共和国宪法》规定：“国家保护环境和自然资源，防治污染和其他公害。”中国政府对环境保护工作给予了高度重视，明确提出保护环境是社会主义现代化建设的重要组成部分。1978 年 12 月 18 日，党的十一届三中全会的召开，实现了全党工作重点的历史性转变，开创了改革开放和集中力量进行社会主义现代化建设的历史新时期，我国的环境保护事业也进入了一个改革创新的新时期。1978 年 12 月 31 日，中共中央批准了国务院环境保护领导小组的《环境保护工作汇报要点》，指出：“消除污染，保护环境，是进行社会主义建设，实现四个现代化的一个重要组成部分……我们绝不能走先建设、后治理的弯路。我们要在建设的同时就解决环境污染的问题”。这是在中国共产党的历史上，第一次以党中央的名义对环境保护做出的指示，它引起了各级党组织的重视，推动了中国环保事业的发展。1979 年 9 月，五届人大十一次常委会通过新中国的第一部环境保护基本法——《中华人民共和国环境保护法（试行）》，中国的环境保护工作开始走上法制化轨道。1983 年 12 月，国务院召开第二次全国环境保护会议，明确提出：保护环境是中国一项基本国策。会议同时制定了中国环境保护事业的战略方针：经济建设、城乡建设、环境建设同步规划、同步实施、同步发展，实现经济效益、环境效益、社会效益的统一。1989 年 4 月，国务院召开第三次环境保护会议，提出积极推行深化环境管理的环境保护目标责任制、城市环境综合整治定量考核制、排放污染物许可证制、污染集中控制和限期治理 5 项新制度和措施，连同继续实行环境影响评价。1989 年，我国汽车检测开展初期，为贯彻《中华人民共和国大气污染防治法》（1988 年），防止环境污染，保护和改善生活环境和生态环境，保障人体健康，针对汽车排放进行规范，制定了《轻型汽车排气污染物排放标准》（GB 11641）及《轻型汽车排气污染物测试方法》（GB/T 11642）。汽车的环保技术检验由国家环保部负责，用于在用车的年审工作。主要包括排放检验和驾乘室室内空气质量检验。其中，排放检验属于国家强制检测范围，国家每年要求在用汽车必须定期进行排放检验。

1992 年联合国环境与发展大会之后，中国在世界上率先提出了《环境与发展十大对策》，第一次明确提出转变传统发展模式，走可持续发展道路。随后中国又制定了《中国21世纪议程》《中国环境保护行动计划》等纲领性文件，可持续发展战略成为中国经济和社会发展的基本指导思想。1993年10月，全国第二次工业污染防治工作会议召开，会议总结了工业污染防治工作的经验教训，提出了工业污染防治必须实行清洁生产，实行三个转变，即由末端治理向生产全过程控制转变，由浓度控制向浓度与总量控制相结合转变，由分散治理向分散与集中控制相结合转变。这标志着中国工业污染防治工作指导方针发生了新的转变。为紧紧跟随国家环保工作的步伐，进一步控制汽车污染物排放，1993年，国家颁布了《汽车大气污染排放标准》（GB 14761.1～7），同时颁布了《汽油车排放污染物的测量　怠速法》（GB/T 3845）、《柴油车自由加速烟度的测量　滤纸烟度法》（GB/T 3846）等标准规范检测方法。1996年7月，在北京召开了第四次全国环境保护会议。这次会议进一步明确了保护环境是我国必须长期坚持的两项基本国策之一；提出了“九五”期间全国主要污染物排放总量控制计划。这项举措实质上是对12种主要污染物（烟尘、粉尘、SO_2、COD、石油类、汞、镉、六价铬、铅、砷、氰化物及工业固体废物）的排放量进行总量控制，要求其2000年的排放总量控制在国家批准的水平。会议后，国务院发布了《国务院关于环境保护若干问题的决定》（以下简称《决定》），对部署落实跨世纪的环境保护目标和任务，实施可持续发展战略，具有十分重要的意义。1999年3月，在北京召开了“中央人口资源环境工作座谈会”，这是一次贯彻可持续发展战略的新部署，表明了中央领导解决好中国环境与发展问题的决心。

2000年以后，随着《中华人民共和国环境保护法》《中华人民共和国大气污染防治法》的颁布实施，汽车排放检验归口于国家环保部统一管理。为贯彻《中华人民共和国环境保护法》，进一步控制汽车污染物排放，2000年国家环保局和质检总局先后进行了标准的修订和新增。2005年，两部委将原有的相关标准进行了统一和合并，制定了《点燃式发动机汽车排气污染物排放限值及测量方法（双怠速法及简易工况法）》（GB 18285）和《车用压燃式发动机和压燃式发动机汽车排气烟度排放限值及测量方法》（GB 3847）。

现行《中华人民共和国大气污染防治法》对在用车定期排放检验、监督抽测、监督管理等提出新要求。为贯彻落实《中华人民共和国环境保护法》和《中华人民共和国大气污染防治法》，防治柴油车、汽油车的大气污染，坚决打赢蓝天保卫战、打好柴油货车污染治理攻坚战，中华人民共和国生态环境部与国家市场监督管理总局联合发布《柴油车污染物排放限值及测量方法（自由加速法及加载减速法）》（GB 3847—2018）和《汽油车污染物排放限值及测量方法（双怠速法及简易工况法）》（GB 18285—2018）两项国家污染物排放标准。

第二节　汽车排气污染物检验基本概念

一、汽车排放污染物

汽车排气污染物，主要是一氧化碳（CO）、烃类化合物（HC）、氮氧化合物（NO_x）、硫化物（主要是SO_2）、炭烟及其他一些有害物质。汽车排气污染物中，CO、HC、NO_x和炭烟主要来源于汽车尾气的排放，少部分来自曲轴箱窜气，其中部分HC还来自于油箱和整个供油系的蒸发与滴漏。

在相同工况下，汽油机的CO、HC和NO_x排放量比柴油机大，因此，目前的排放法规对汽油机主要限制CO、HC和NO_x的排放量。柴油机对大气的污染较汽油机轻得多，主要是产生炭烟污染，因此排放法规主要限制柴油机排气的烟度。

现代汽车发动机主要是内燃机，其中以汽油、柴油为燃料的内燃机应用最为广泛。研究汽车的排气公害问题，实质上是研究内燃机的排气污染问题。

汽车发动机排出的废气不都是有害的，如N_2、CO_2、O_2、H_2和水蒸气等属于不会对人体和生物造成直接危害的物质。有害成分是指CO、HC、NO_x、SO_2、铅化合物、炭烟和油雾等。这些有害物质散发到空气中达到一定浓度后，将对人和生物造成危害。

二、汽车环保检验

汽车环保检验是指在汽车出厂、使用、维护和修理中对汽车的技术状况和工作能力进行测试及检验所进行的各项活动。它是伴随着汽车技术的发展而发展的。在汽车发展的早期，人们主要通过有经验的维修人员发现汽车的故障并做有针对性的修理，即过去人们常讲的"眼看""耳听""手摸"方式。随着现代科学技术的进步，特别是计算机技术的进步，使汽车检测技术得到了飞速发展。目前，人们能够依靠各种先进的、智能化的仪器设备对汽车进行不解体检测，而且安全、迅速、可靠。

汽车环保检验是采用现代科学技术和设备对车辆排放污染物进行测量及评价的各项活动，是识别车辆排放控制水平和环保达标状况的有效手段，也是评价发动机技术状况，特别是燃料供给系统和点火系统的技术状况的重要途径。2000年以后，随着《中华人民共和国环境保护法》《中华人民共和国大气污染防治法》的颁布实施，汽车排放检验归口于中华人民共和国生态环境部统一管理。

对汽车进行环保检验，并核发检验合格标志，可为实行机动车环保达标管理和差别化管理，控制高排放车辆污染提供统一的监督管理平台，有利于形成系统的、可操作性强的机动车排气污染长效监管机制；有利于控制和削减在用机动车污染物排放量；有利于促进高排放车辆的淘汰；有利于为国家普及汽车腾出环境容量，缓解机动车快速增长造成的环境压力，对于进一步改善环境空气质量，提升城市的可持续发展能力，建设"两个适宜"城市，建设生态文明，落实科学发展观等具有重要的意义。

第三节　汽车排气污染物的形成

一、一氧化碳

一氧化碳（CO）是燃油不完全燃烧的产物，当发动机混合气过浓或燃烧质量不佳时，易生成CO并从排气管排出。特别是发动机怠速时，混合气供给偏浓，发动机工作循环中的气体压力和温度不高，燃烧速率减慢，因不完全燃烧所生成的CO浓度增高；发动机在加速过程中供给较浓的混合气，或因点火过分推迟补燃增多时，均会使CO的排放量增加。

二、烃类化合物

烃类化合物（HC）是发动机所用燃油没燃烧和燃烧不完全的产物。汽车排放污染物中，HC的20％～25％来自曲轴箱窜气，20％来自化油器和燃油箱中燃油的蒸发，其余则由发动机排气管排出。发动机冷启动或怠速工况下混合气较浓，且燃烧温度过低或化油器雾化不良时，发动机排出的废气中的 HC 含量增加。

三、氮氧化合物

氮氧化合物（NO_x）是空气中的 N_2 与 O_2 在高温高压条件下反应而生成的。汽车发动机所排出废气中的 NO_x 主要由 NO 和 NO_2 构成。汽油机排出的氮氧化合物中，NO 占比例较大，而柴油机排出的氮氧化合物中 NO_2 的比例稍大。发动机的负荷和压缩比越高，发动机的燃烧温度越高，燃烧终了气缸内的压力越高，生成 NO_x 的条件也越充分。

四、微粒

汽油机排出的浮游微粒主要有：铅化合物、硫酸盐、低分子物质。当汽油机使用含铅汽油时，燃烧废气中将会有铅化合物以微粒状从排气管排出；柴油机排出的微粒比汽油机多30～60 倍，主要为含碳物质（炭烟）和高分子量有机物（润滑油的氧化和裂解产物）。炭烟是柴油发动机燃烧不完全的产物，主要由直径为 0.1～1.0μm 的多孔性炭粒构成。当汽车启动、加速、上坡时，由于混合气过浓，炭烟排放量增加；或者柴油喷雾质量不高、雾化不良时，也会增大炭烟的排放量。

五、硫化物

发动机排出的硫化物主要为 SO_2（二氧化硫），SO_2 是无色、有刺激性气味的气体，由所用燃油中含有的硫与空气中的氧反应而生成，其本身毒性不大，动物连续接触 30×10^{-6} 的 SO_2 无明显的生理学影响。但是在大气中，尤其是在污染大气中 SO_2 易被氧化成 SO_3，再与水分子结合形成硫酸分子，经过均相或非均相成核作用，形成硫酸气溶胶，并同时发生化学反应形成硫酸盐。硫酸和硫酸盐可以形成硫酸烟雾和酸雨，造成较大危害。

污染物的排放途径为汽车发动机排气管、曲轴箱和燃油供给系统，分别称为排气污染物、曲轴箱污染物和燃油蒸发污染物。

第四节 汽车排气污染物的危害

汽车发动机排出的废气不都是有害的，如 N_2、CO_2、O_2、H_2 和水蒸气等属于不会对人体及生物造成直接危害的物质。有害成分是指 CO、HC、NO_x、SO_2、铅化合物、炭烟和油雾等。这些有害物质散发到空气中达到一定浓度后，将对人和生物造成危害。汽车排放污染物对环境的影响主要有两个方面：一是环境污染的重要因素；二是参与形成光化学烟雾，进一步恶化空气质量。

一、有害排放物

直接从发动机排出的有害物称为一次有害排放物，归结起来主要有 CO、HC、NO_x 和微粒子。所谓微粒子是指由发动机排出的全部废气，在接近大气条件下，除去非化合形态的凝聚水以后收集到的全部呈固体状和液体状的微颗粒。微粒子的成分十分复杂，它包括可溶性成分（主要由润滑油产生）和非可溶性成分（主要是炭烟）。汽油机的主要排气有害物是

CO、HC 和 NO_x；柴油机的 CO 和 HC 排放量要比汽油机少得多，而炭烟的成分远远高出汽油机，同时 NO_x 的排放量也比较多。汽车有害排放物的主要性质和有害作用见表 1-1。

表 1-1　汽车有害物排放的主要性质和有害作用

	一氧化碳(CO)	烃类化合物(HC)	氮氧化合物(NO_x)	浮游微粒子
性质	•无色、无臭的气体 •难溶于水 •对空气的密度：0.957(1101325Pa,0℃) •在空气中点燃呈蓝色火焰,生成 CO_2(有还原性)	•烃类有机化合物的总称 •从化学性质可分为链烷烃(饱和锁状)、萘(饱和环状)、烯烃(不饱和锁状)、芳香族(不饱和环状)	•在大气中主要是 NO、NO_2 •NO 是无色、无臭的气体,难溶于水,与空气接触生成 NO_2 •NO_2 是红褐色有刺激味的气体,易溶于水,与水反应生成亚硝酸	•无机化合物、植物性有机物、细菌的混合物 •容易凝聚,在空气中易于吸附带电物体
大气中的主要发生源	主要发生源是汽车,特别是在怠速时排出量大	•主要发生源是汽车排气及各种燃烧 •石油精制过程中产生	汽车排气、化学工厂产生的气体以及各种燃烧设施排出的气体	•各种燃烧设施 •产生灰尘的作业 •风尘、大山等自然现象
有害作用	•与血液中血红蛋白(Hb)结合生成 CO-Hb •CO-Hb 妨碍血液的输氧功能 •血液中的 CO-Hb 达到 5%时(大气中 CO 约为 40×10^{-6})会引起机能性障碍	•当烃类化合物浓度提高时,对黏膜和组织有破坏作用,特别是苯和甲苯等有害物 •活性烃类化合物(烯烃系、芳香族系)是产生光化学烟雾的原因 •一些高分子重芳香烃可以使人致癌	•NO_2 对鼻、眼有刺激作用、 •会引起咳嗽、失眠等中毒症状 •氮氧化合物是形成光化学烟雾的主要因素	•硅等→矽沉着病 •镉、铅→中毒 •铅、锌→中毒 •炭粉→致癌 •引起黏膜疾病、变态反应等

二、光化学烟雾

未燃 HC 和 NO_x 在一定环境条件下，会发生十分复杂的化学反应，诱发新的有害物，这就是二次有害排放物。光化学烟雾是 HC 和 NO_x 在太阳光紫外线作用下产生光化学反应生成的，它的主要成分是臭氧、醛等烟雾状物质。光化学烟雾的危害多发生在夏季，而夜间不会发生。光化学烟雾对人和环境的影响见表 1-2。

表 1-2　光化学烟雾对人和环境的影响

体积浓度/$\times10^{-6}$	影响程度	体积浓度/$\times10^{-6}$	影响程度
0.02	在 5min 内,10 人中有 9 人能觉察到	1～2	2h 内,头痛,胸痛,肺活量减少,人慢性中毒
0.03	在 8h 内,灵敏度高的作物、树木受损害	5～10	全身疼痛,麻痹,引起肺气肿
0.2～0.3	人的肺机能减弱,胸部有闷感,眼睛红痛	15～20	小动物在 2h 内死亡
0.2～0.5	3～6h 内,视力下降	50 以上	人在 1h 内死亡
0.1～1.0	1h 内,呼吸紧张,气喘病恶化		

第五节　汽车污染物检验的相关法规和技术标准

一、我国汽车相关标准体系

截至 2020 年 1 月，国家标准化管理委员会已批准发布的汽车（含摩托车）强制性国家标准共 123 项，其中适用于乘用车的强制性国家标准共 69 项，适用于商用车的强制性国家标准共 89 项。新能源汽车领域相关标准共 89 项，其中，国家标准 64 项，行业标准 25 项。相关标准如图 1-1～图 1-3 所示。

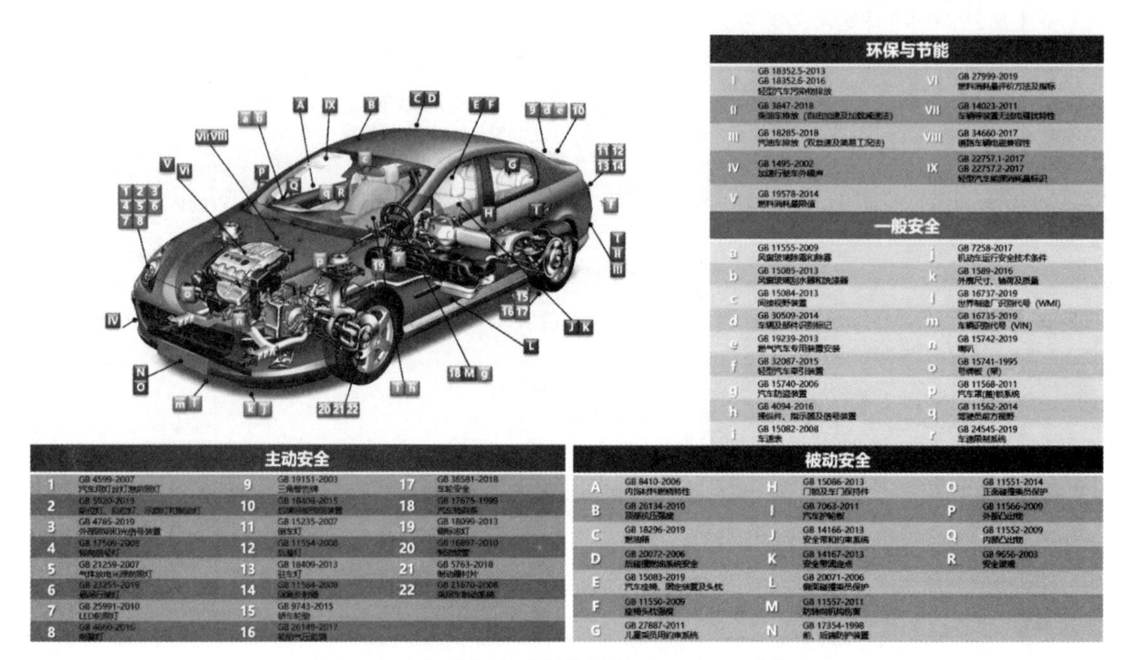

图 1-1　中国乘用车强制性国家标准（2020 年版）

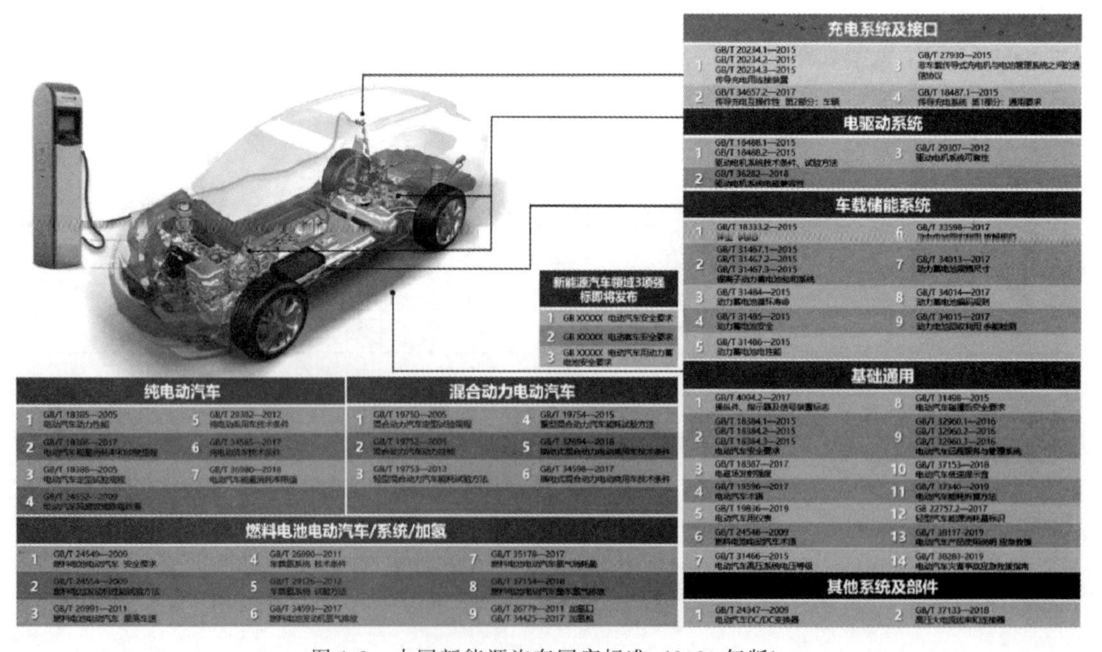

图 1-2　中国新能源汽车国家标准（2020 年版）

上述汽车标准体系图由全国汽车标准化技术委员会秘书处、中国汽车技术研究中心有限公司汽车标准化研究所（以下简称“标准所”）整理发布。

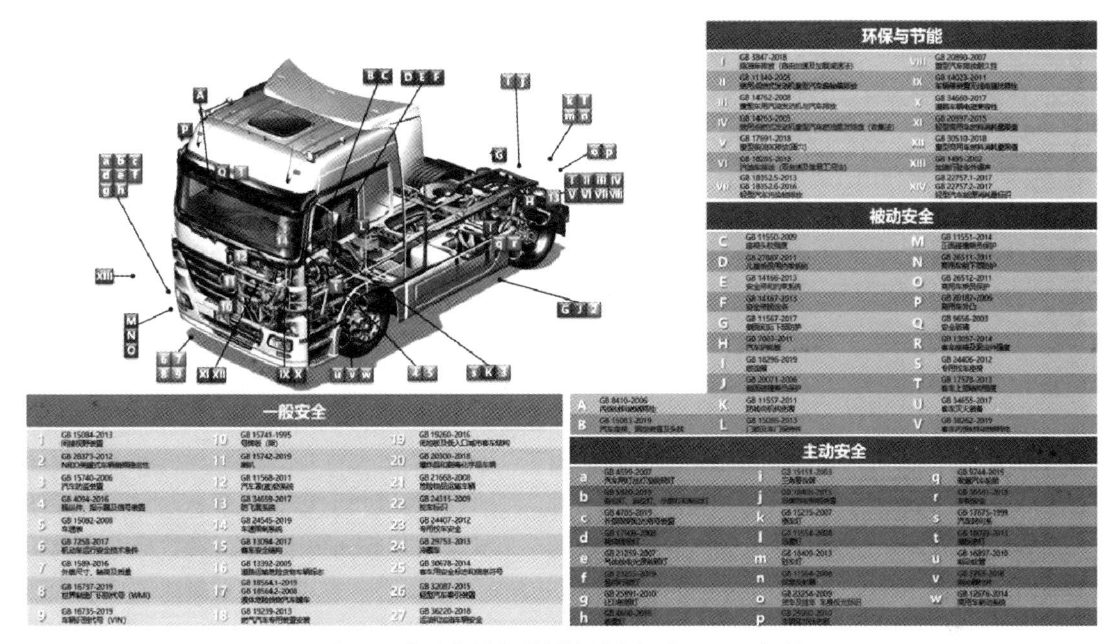

图 1-3　中国商用车强制性国家标准（2020 年版）

二、环保法规和标准发展历程

与国外先进国家相比，我国汽车尾气排放法规起步较晚、水平较低。根据我国的实际情况，从 20 世纪 80 年代初期开始采取了先易后难、分阶段实施的具体方案，其具体实施至今主要分为四个阶段。

1. 第一阶段

1983 年我国颁布了第一批机动车尾气污染控制排放标准，这一批标准的制定和实施，标志着我国汽车尾气法规从无到有，并逐步走向法制治理汽车尾气污染的道路，在这批标准中，包括了《汽油车怠速污染排放标准》《柴油车自由加速烟度排放标准》《汽车柴油机全负荷烟度排放标准》三个限值标准和《汽油车怠速污染物测量方法》《柴油车自由加速烟度测量方法》《汽车柴油机全负荷烟度测量方法》三个测量方法标准。

2. 第二阶段

为保护和改善环境，防治大气污染，保障公众健康，推进生态文明建设，促进经济社会可持续发展而制定。全国人民代表大会常务委员会于 1987 年 9 月 5 日发布了《中华人民共和国大气污染防治法》，自 1988 年 6 月 1 日起实施。该法规第四章第三十条对机动车、船等污染防治进行了规范：机动车、船向大气排放污染物不得超过排放标准，对超过规定排放标准的机动车船，应当采取治理措施。污染物排放超过国家规定排放标准的汽车，不得制造、销售或者进口。

1989 年，我国汽车检测开展初期，根据《中华人民共和国大气污染防治法》，制定了《轻型汽车排气污染物排放标准》（GB 11641）及《轻型汽车排气污染物测试方法》（GB/T 11642），拉开了我国尾气排放法规制定和实施的序曲。1993 年又相继颁布了《车用汽油机排气污染物排放标准》和《车用汽油机排气污染物测量方法》，至此我国已形成了一套较为完整的汽车尾气排放标准体系。同年，国家颁布了《汽车大气污染排放标准》（GB14761.1～7），同时颁布了《汽油车排放污染物的测量　怠速法》（GB/T 3845）、《柴油车自由加速烟度的测量　滤纸烟度法》（GB/T 3846）等标准规范检测方法。其中，值得一提的是颁布的《轻型汽车排气污染物测量方法》采用了 ECER15-04 的测量方法，而《轻型汽车排气污染物排放标准》测量限值则采用了 ECER15-03 限值标准，该限值标准只相当于欧洲 20 世纪 70 年代来的水平（欧洲在 1979 年实施 ECE R15-03 标准）。

1923 年美国使用四乙基铅（一种无色油状、易溶于汽油的剧毒物质）作为汽油添加剂，增加汽油的抗爆性能（即汽油在各种使用条件下抗爆震燃烧能力，用辛烷值表示），在当时的技术水平和历史条件下，汽油加铅对改变汽油性能起到了重要作用，到 20 世纪 70 年代初，世界各国大都采用含铅汽油。但是，四乙基铅是一种无色油状、易溶于汽油的剧毒物质，使用含铅汽油的车辆，所排放的废气中铅主要是以氧化铝化合物的形式存在，它损害人的造血机能，使肠胃中毒，严重时可使神经中枢中毒，还能损害心脏和肾脏功能。它对孕妇和婴儿的影响尤为重要，血铅含量过高影响儿童的身体发育和智力；儿童血铅含量每千克体重增加 10μg，智商水平下降 2～4 个智商数。铅在人体中蓄积，不易排出，衰期为 12 年，一旦婴儿体内血铅增高，将产生长期的危害。铅不仅使人体健康遭到严重损害，也可使汽车净化装置中的催化剂“中毒”而失去净化效果，使机动车辆排放氮氧化合物、一氧化碳等产生二次污染。据分析，城市中 80%的空气污染物源于含铅汽油，全世界有 17 亿人的健康因此受到威胁。

为了有效控制含铅汽油带来的危害，1995 年 8 月 29 日对《中华人民共和国大气污染防治法》进行了修订，该法规第四章第三十八条规定：国家鼓励、支持生产和使用高标号的无铅汽油，限制生产含铅汽油。国务院有关部门制定规划，逐步减少含铅汽油的产量，直至停止含铅汽油的生产和使用。在我国，1997 年 6 月 1 日，北京市城八区实现了车用汽油的无铅化。

3. 第三阶段

北京市《轻型汽车排气污染物排放标准》（DB 11/105—1998）的出台和实施，拉开了我国新一轮尾气排放法规制定和实施的序曲。为贯彻《中华人民共和国环境保护法》，进一步控制汽车污染物排放，2000 年左右国家环保局和质检总局先后进行了标准的修订及新增。首先是对《中华人民共和国大气污染防治法》进行了修订，该法规单独将机动车船排放污染控制作为独立的章节（第四章防治机动车船排放污染），反映出机动车船排放污染在大气污染中的比重越来越高，也凸显出国家对机动车船排放控制的重视和决心。第四章共 4 条，主要是增加了地方标准的制定需要经过国务院审批，形成机动车船排放整体防治一盘棋；对车辆维修中涉及机动车船排放，必须达到国家标准规定的排放污染物限值；鼓励生产和消费新能源机动车船；停止生产、进口、销售含铅汽油。

2000 年起全国实施《汽车排放污染物限值及测试方法》（GB 14961—1999）（等效于 91/441/1EEC 标准），同时《压燃式发动机和装用压燃式发动机的车辆排气污染物限值及测试方法》也制定出台；与此同时，北京、上海、福建等省市还参照 ISO 3929 中双怠速排放测量方法分别制定了《汽油车双怠速污染物排放标准》地方法规，这一条例标准的制定和出台，使我国汽车尾气排放标准达到国外 20 世纪 90 年代初的水平。2000 年 1 月 1 日，全国停止生产含铅汽油，7 月 1 日停止使用含铅汽油，全国实现了车用汽油的无铅化。

由于我国汽车排放污染物控制基于欧洲，在我国标准参考中常用欧Ⅰ和欧Ⅱ标准等术语，是指当年 EEC 颁发的排放指令。汽车排放的欧洲法规（指令）标准的计量以汽车发动机单位行驶距离的排污量（g/km）计算，因为这对研究汽车对环境的污染程度比较合理。

汽车排放的欧洲法规（指令）标准的内容包括新开发车的型式认证试验和现生产车的生产一致性检查试验，从欧Ⅲ开始又增加了在用车的生产一致性检查。同时，欧洲排放标准将汽车分为总质量不超过3500kg（轻型汽车）和总质量超过3500kg（重型汽车）两类。对于轻型汽车，不管是汽油机车还是柴油机车，整车均在底盘测功机上进行试验。由于重型汽车车重，用所装发动机在发动机台架上进行试验。根据EEC排放指令，我国针对轻型汽车和重型汽车排放污染物，制定了不同的排放污染物控制标准。

（1）轻型汽车

轻型汽车的排放标准在1999年7月发布，2001年修订。

第一阶段：《轻型汽车污染物排放限值及测量方法（Ⅰ）》（GB 18352.1—2001），等效采用欧盟93/59/EC指令，参照采用98/77/EC指令部分技术内容，等同于欧Ⅰ，从2001年4月16日发布并实施。

第二阶段：《轻型汽车污染物排放限值及测量方法（Ⅱ）》（GB 18352.2—2001），等效采用欧盟96/69/EC指令，参照采用98/77/EC指令部分技术内容，等同于欧Ⅱ，从2004年7月1日起实施。

第三阶段：《轻型汽车污染物排放限值及测量方法（中国Ⅲ、Ⅳ阶段）》（GB 18352.3—2005），部分等同于欧Ⅲ，将于2007年实施。

第四阶段：部分等同于欧Ⅳ，将于2010年实施。

中国轻型汽车Ⅲ、Ⅳ排放标准在污染物排放限值上与欧Ⅲ、欧Ⅳ标准完全相同，但在实验方法上做了一些改进，在法规格式上也与欧Ⅲ、欧Ⅳ标准有很大差别。

（2）重型汽车

重型汽车的排放标准，包括重型压燃式发动机标准和重型点燃式发动机标准。

① 重型压燃式发动机标准。

《车用压燃式发动机排气污染物排放限值及测量方法》（GB 17691—2001）于2001年4月16日发布，参照欧盟91/542/EEC指令。

第一阶段：相当于欧Ⅰ水平，型式核准试验自2000年9月1日起执行，生产一致性检查自2001年9月1日起执行。

第二阶段：相当于欧Ⅱ水平，型式核准试验自2003年9月1日起执行，生产一致性检查自2004年9月1日起执行。

《车用压燃式、气体燃料点燃式发动机与汽车排气污染物排放限值及测量方法（中国Ⅲ、Ⅳ、Ⅴ阶段）》（GB 17691—2005），采用了欧盟指令2001/27/EC的有关技术内容，于2005年5月发布，分别于2007年1月1日、2010年1月1日、2012年1月1日实施。

② 重型点燃式发动机标准。

《重型车用汽油发动机与汽车排气污染物排放限值及测量方法（中国Ⅲ、Ⅳ阶段）》（GB 14762—2008）于2009年07月01日实施。

第Ⅲ阶段：型式核准试验自2009年7月1日执行。

第Ⅳ阶段：型式核准试验自2012年7月1日执行。

2005年，两部委将原有的相关标准进行了统一和合并，制定了《点燃式发动机汽车排气污染物排放限值及测量方法（双怠速法及简易工况法）》（GB 18285）和《车用压燃式发动机和压燃式发动机汽车排气烟度排放限值及测量方法》（GB 3847）。这些标准和法规对我国控制污染物排放发挥了巨大作用。

4. 第四阶段

自 2005 年以来，全国机动车保有量快速增长。目前全国大气污染防治形势已经发生重大变化。尤其是席卷我国大部分地区的 2013 年雾霾天气，对大气污染控制提到了新的高度。2015 年 8 月 29 日修订《中华人民共和国大气污染防治法》，并已由中华人民共和国第十二届全国人民代表大会常务委员会第十六次会议审议通过，于 2016 年 1 月 1 日起施行。

随着经济的发展，环境问题日益突出。为了有效控制汽车尾气带来的大气污染，各省市针对汽车排放，制定了地方标准。如北京市颁布实施的标准有：《轻型汽车排气污染物排放标准》(DB 11/105—1998)、《车用汽油机排气污染物排放标准》(DB 11/152—1999)、《重型汽车排气污染物排放限值及测量方法（车载法）》(DB 11/965—2013)、《重型汽车氮氧化物快速检测方法及排放限值》《重型汽车排气污染物排放限值及测量方法（OBD 法　第Ⅳ、Ⅴ阶段）》和《重型汽车排气污染物排放限值及测量方法（车载法　第Ⅳ、Ⅴ阶段）》等。其中，快速检测法标准于发布之日起实施，车载法和 OBD 法标准于 2017 年 12 月 20 日实施。

据统计，2018 年机动车四项污染物排放总量为 4359.7 万吨，其中，CO 3327.3 万吨，HC 407.1 万吨，NO_x 574.3 万吨，PM 50.9 万吨。从北京等许多大中城市的 PM2.5 源解析结果看，机动车等移动源已经成为首要污染源。在用汽车排放结构明显升级，以国三及以上阶段的车辆为主，占到 90%以上。2018 年 10 月 26 日对《中华人民共和国大气污染防治法》进行了再次修订，对在用车定期排放检验、监督抽测、监督管理等提出新要求。涉及机动车船排放的条款为第四章第三节第五十条至六十七条，主要要求包括：合理控制燃油机动车保有量，大力发展城市公共交通，提高公共交通出行比例；推广应用节能环保型和新能源机动车船、非道路移动机械，限制高油耗、高排放机动车船、非道路移动机械的发展，减少化石能源的消耗；通过遥感监测等技术手段对在道路上行驶的机动车的大气污染物排放状况进行监督抽测；按照国务院生态环境主管部门制定的规范，对机动车进行排放检验，并与生态环境主管部门联网，实现检验数据实时共享；在用重型柴油车、非道路移动机械未安装污染控制装置或者污染控制装置不符合要求，不能达标排放的，应当加装或者更换符合要求的污染控制装置；建立机动车和非道路移动机械环境保护召回制度等。

为贯彻落实《中华人民共和国环境保护法》和最新《中华人民共和国大气污染防治法》，防治柴油车、汽油车的大气污染，坚决打赢蓝天保卫战，打好柴油货车污染治理攻坚战，生态环境部与国家市场监督管理总局最新联合发布《柴油车污染物排放限值及测量方法（自由加速法及加载减速法）》(GB 3847—2018) 和《汽油车污染物排放限值及测量方法（双怠速法及简易工况法）》(GB 18285—2018) 两项国家污染物排放标准，同时各地地方标准停止使用。此外，国家还颁布了《轻型汽车污染物排放限值及测量方法（中国第六阶段）》(GB 18352.6—2016) 和《重型柴油车污染物排放限值及测量方法（中国第六阶段）》(GB 17691—2018)。其中，GB 18352.6—2016 自 2020 年 7 月 1 日起，替代《轻型汽车污染物排放限值及测量方法（中国第五阶段）》(GB 18352.5—2013)；但在 2025 年 7 月 1 日前，第五阶段轻型汽车的“在用符合性检查”仍执行 GB 18352.5—2013 中的相关要求。《重型柴油车污染物排放限值及测量方法（中国第六阶段）》(GB 17691—2018) 自发布之日起 (2018 年 5 月 22 日) 代替 GB 17691—2005，2019 年 7 月 1 日起，所有的生产、进口、销售和注册登记的燃气汽车都应符合本标准要求；自 2020 年 7 月 1 日起，所有的生产、进口、销售和注册登记的城市汽车都应符合本标准要求；自 2021 年 7 月 1 日起，所有的生产、进口、销售和注册登记的重型柴油车都应符合本标准要求。

三、污染物排放最新标准特点

在用汽柴油车排放标准基于国情，借鉴国际经验，进一步细化技术要求，突出高效、简便、快捷，提高实际可操作性，便于一线监管执法。

1. 修订的主要依据

（1）我国现有汽车结构发生变化

从 2000 年以后，随着经济的快速发展，我国汽车产销量和保有量快速增加。尤其是 2005 年以后，汽车工业进入了高速增长的阶段，年增长率接近 20%。2000～2019 年我国汽车保有量见表 1-3。

表 1-3 2000～2019 年我国汽车保有量

时间	2000 年	2001 年	2002 年	2003 年	2004 年	2005 年	2006 年	2007 年	2008 年	2009 年
保有量/万辆	1609	1802	2053	2383	2742	3160	4985	5697	6467	7619
时间	2010 年	2011 年	2012 年	2013 年	2014 年	2015 年	2016 年	2017 年	2018 年	2019 年
保有量/万辆	9086	10578	12089	13741	15447	17228	19440	21743	24028	26606

国家统计局日前发布《新中国成立 70 周年经济社会发展成就系列报告之十一》（以下简称《报告》）。《报告》指出，近 20 年来汽车类消费年均增长速度近 30%。2018 年汽车类商品零售额为 4.2 万亿元，比 1998 年增长超过 150 倍。2018 年年末全国民用汽车保有量超过 2.4 亿辆。汽车销售快速增长的同时，车型结构不断优化。据中国汽车工业协会统计，2018 年我国运动型多用途乘用车（SUV）销售近 1000 万辆，占全部乘用车销量的比重超过 40%；新能源乘用车销售超过 100 万辆，比上年增长 60%以上，增速明显高于狭义乘用车，而且市场占有率不断提高。2019 年我国新注册登记机动车 3214 万辆，机动车保有量达到 3.48 亿辆，其中新注册登记的汽车有 2578 万辆，我国汽车保有量达到了 2.6 亿辆，私家车保有量首次突破 2 亿辆，与 2018 年年底相比，增长了 9.37%。全国有 66 个城市汽车保有量已经超过了百万辆，而有 30 个城市汽车保有量超过了 200 万辆，其中北京、上海、天津、重庆、成都、西安、武汉、郑州、深圳、苏州、东莞 11 个城市汽车保有量超过了 300 万辆。截止至 2019 年年底，新能源车保有量也达到了 381 万辆，其中纯电动汽车保有量为 310 万辆，与 2018 年相比，新能源车呈现出快速增长的趋势。

2004 年 7 月 1 日，全国范围内实施国家第二阶段排放标准；2007 年 7 月 1 日起，开始实施国家第三阶段排放标准；2014 年元旦，全国全面实施国家第四阶段排放标准；2016 年开始实施国五标准。国家排放标准的变更，汽车工业必然要进行相应的产品升级。在用汽车排放结构明显升级，以国三及以上阶段的车辆为主，占到 90%以上。

近几年二手车交易量逐年增加，2012～2018 年的平均增速超过 10%。《报告》还指出，2018 年全国亿元以上二手车交易市场超过 80 家，成交额超过 2000 亿元。另据中国汽车流通协会统计，2018 年全国共交易二手车 1382 万辆，大约是新车交易量的一半，同比增长 11.5%；二手车交易额大约是新车的 1/5，超过 8000 亿元。

（2）《中华人民共和国大气污染防治法》及相关文件关于排放检验的规定

现行《中华人民共和国大气污染防治法》对在用车定期排放检验、监督抽测、监督管理等提出新要求。

（3）我国机动车尤其是柴油货车污染治理攻坚的技术需求

近年来，我国非道路移动机械保有量和总功率快速增加，对大气环境污染的贡献日益凸显。目前，我国工程机械保有量720.0万台，农业机械柴油总动力76776.3万千瓦。2017年，非道路移动机械共排放SO_2 90.9万吨，HC 77.9万吨，NO_x 573.5万吨，PM 48.5万吨。非道路移动机械的NO_x和PM排放量已经接近机动车，冒黑烟现象十分普遍，是大气污染的重要来源，迫切需要加快遏制其大气污染物排放。以前我国对非道路柴油机械的排放控制，主要以新生产柴油机排放控制为主，难以对大量在用非道路柴油机械实施有效监管。《中华人民共和国大气污染防治法》对控制非道路移动机械提出明确的监督管理要求。在用非道路移动柴油机械排放标准为首次发布，解决了非道路移动机械在使用阶段无标准可依的问题。

（4）国际经验和我国地方监管需求

20世纪40年代，因大气污染引发的洛杉矶烟雾事件和多诺拉事件推进了美国大气治理的进程。就立法而言，从1955年的《空气污染控制法》到1963年的《清洁空气法》、1967年的《空气质量控制法》，再到1970年的《清洁空气法》以及后来的1977年修正案、1990年修正案，经过不断修改完善，美国的《清洁空气法》确立了一系列行之有效的原则。《清洁空气法》的发展历程其实就是美国空气治理的发展历史，其实施具有以下几个特点。

① 设定独立机构。

1970年，美国政府设立了独立的行政机构——环境保护局（EPA），行使对全国公共环境监管、环保技术开发等职责，局长由美国总统直接任免。EPA虽不在内阁之列，但与内阁各部门同级。

② EPA制定标准，地方政府独立制订和实施计划。

美国《清洁空气法》遵循国家空气质量标准，空气质量标准由EPA制定，各州和地区制定具体实施方案以实现该标准。EPA对六种污染物质制定排放标准，这六种污染物质分别是二氧化硫、空气颗粒污染物、氮氧化合物、一氧化碳、臭氧、铅。在EPA制定的空气质量标准下，州政府在执行中享有独立实施的自由，可以对每一种空气污染物质制订具体的管理计划。

③ 治理内容涵盖范围广。

固定污染源排放治理主要指工业企业的污染排放防治，移动污染源排放治理范围不仅包括交通运输工具，也包括了附有发动机的其他设备，例如起重机和其他建设施工设备，还有针对酸雨的二氧化硫、氮氧化合物的治理。对臭氧破坏物的防治分为过渡期和全年禁止期两个阶段，过渡期先限制臭氧层破坏物质的产量，通过“生产配额”和“消费配额”的分段调控，最终全面禁止生产和消费臭氧层破坏物质，来达到保护臭氧层的目的。

④ 控制新产能排放。

《清洁空气法》的“新源控制原则”是一项前置审批程序，是指每一家企业的新建产能和置换产能都要向环境监管机构申请，通过排放分析，才能拿到行政许可。“新源控制原则”的确立标志着美国的《清洁空气法》已经实现了由“末端治理”向“重在预防”、由“被动治理”向“主动治理”的转变。

⑤ 建立排污权交易体系。

美国在大气污染防治过程中，最有特色的是利用市场经济手段控制污染排放，建立了排污权交易体系。20 世纪 70 年代以来，EPA 借鉴了水污染治理的排污许可证制度，对大气污染企业进行管理，因不同所有者之间排污权的交易必须是有偿的，排污权交易市场应运而生，逐步建立排污权交易体系。

此外，欧洲和日本等发达地区与国家，针对在经济发展中出现的大气污染问题，都进行了有效的治理、控制和防范。我国对发达国家的大气污染防治进行了研究，针对我国出现的环境问题以及自身经济建设，提出了适合我国当前国情的机动车排放标准。

2018 年发布的三项污染物排放标准，是防治在用柴油车、汽油车和非道路移动柴油机械大气污染的重要技术支撑，是坚决打赢蓝天保卫战、打好柴油货车污染治理攻坚战的重要技术保障。

2. 修订的主要内容

新标准主要进行了以下修订。

① 加严了污染物排放限值，并提出了较为严格的限值 b。

机动车排放标准设置了限值 a 和限值 b，全国统一执行限值 a，特殊地区可提前执行限值 b。限值 b 的要求更加严格，主要是满足对机动车污染控制要求较高的地区。一是对于北京等汽车保有量超过 500 万辆的特大城市，大气污染比较严重，需要对机动车排放强化管控；二是机动车保有量虽然没有超过 500 万辆，但已经成为影响当地空气质量的首要污染源，迫切需要采取强化管控措施；三是按照法律法规设置了低排放控制区的城市，也可执行限值 b。以上三类城市如果要执行限值 b，应在充分征求社会各方面意见基础上，经省级人民政府批准和生态环境部备案后实施。为平稳有效实施限值 b，各地还需要设置足够长的过渡期。对于在全国范围内统一执行限值 b 的具体时间，将在各方面条件充分具备的情况下，全面征求社会各方面意见，并经审慎评估和科学论证，择机实施。

② 增加了车载自动诊断系统（OBD）检查规定，对部分现有车辆的 OBD 功能及故障报警处理情况进行检查。

OBD 是英文名 On-Board Diagnostics 的缩写，中文翻译为“车载自动诊断系统”。这个系统将从发动机的运行状况随时监控汽车是否尾气超标，一旦超标，会马上发出警示。当系统出现故障时，故障灯（MIL）或检查发动机（Check Engine）警告灯点亮，同时动力总成控制模块（PCM）将故障信息存入存储器，通过一定的程序可以将故障码从 PCM 中读出。根据故障码的提示，维修人员能迅速准确地确定故障的性质和部位。目前最发达的车载自动诊断系统是 OBD-Ⅲ，OBD-Ⅲ会分别进入发动机、变速箱、ABS 等系统 ECU（电脑）中去读取故障码和其他相关数据，并利用小型车载通信系统，自动读取车辆的身份代码、故障码及所在位置等信息。

③ 增加了柴油车 NO_x 测试方法和限值要求，解决了对在用柴油车 NO_x 排放无标准可依的问题。

氮氧化合物（NO_x）是排放三大有害物之一。从污染角度考虑的氮氧化合物主要是 NO 和 NO_2，统称为 NO_x。在绝大多数燃烧方式下，主要成分是 NO，约占 NO_x 的 90%以上。NO 是无色、无刺激气味的不活泼气体，在大气中的 NO 会迅速被氧化成 NO_2。NO_2 是棕红色有刺激性臭味的气体。NO_x 可刺激肺部，使人较难抵抗感冒之类的呼吸系统疾病，呼吸系统有问题的人士如哮喘病患者，较易受二氧化氮影响。在低负荷时，柴油机燃烧温度远低于汽油机，气缸压力也没有明显超出汽油机，因此，小负荷的时候，NO_x 的排放量，柴油机要低于汽油机，在高负荷的时候，柴油机的较高的燃烧峰值压力和富氧有利于 NO_x 的生成，和汽油机接近。因此将 NO_x 检测纳入柴油车工况法检测中，解决无标准可依的问题。

④ 规范了排放检测的流程和项目，对外观检查、OBD 检查、污染物排放检测的内容及报送进行相关规定。

由于新标准增加了 OBD 检测项目，以及更新了检测方法，为了规范检验流程，新标准对其进行了规范。此外，按照最新的《中华人民共和国大气污染防治法》，排放数据要进行自动的上报，实现对机动车检验机构的监管，对其数据流进行了相关的规定。

⑤ 对数据记录、保存和记录的内容及时限进行了规范。

机动车两项排放标准，由于修订内容较多，增加了 OBD 检测等新内容，因此标准实施采取分步走方式。第一步，2019 年 5 月 1 日起，开始实施新的尾气排放检测方法及限值。第二步，对于标准新增内容，如柴油车 NO_x 检测和 OBD 检查，2019 年 11 月 1 日起正式实施。根据大气污染防治法的有关规定，具备条件的地区可经省级人民政府批准并经向生态环境部备案后，可早于上述日期提前实施机动车排放标准。

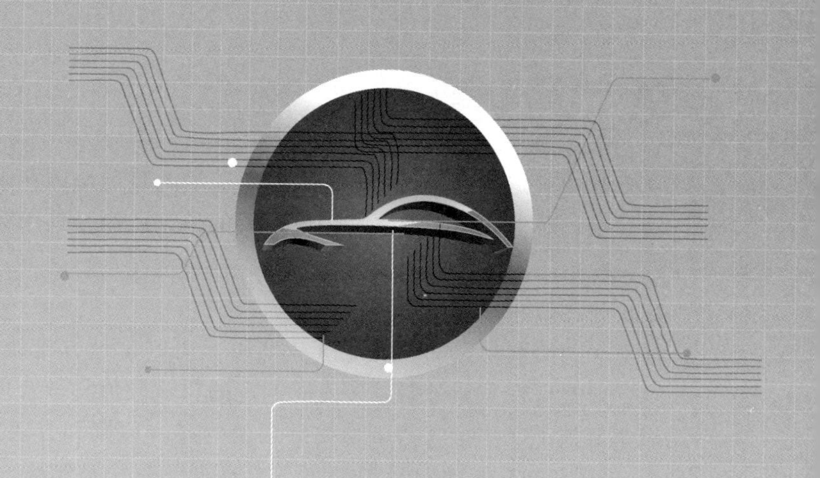

第二章 汽车排气污染物检验要求

汽车污染物检验标准主要为贯彻《中华人民共和国环境保护法》和《中华人民共和国大气污染防治法》，控制汽车污染物排放，防止环境污染，保护和改善生活环境和生态环境，保障人体健康，针对汽车排气污染物检验的限值和方法等进行规范。

本章主要介绍汽油车和柴油车的新生产汽车下线检验、注册登记检验和在用汽车检验等。

第一节 汽油车排气污染物检验要求

我国在用汽油车排气污染控制的重要技术法规——《国家强制性污染物排放标准》（GB 18285—2005）已于2005年5月30日批准发布、2005年7月1日实施，《汽油车污染物排放限值及测量方法（双怠速及简易工况法）》（GB 18285—2018）已于2018年11月7日批准发布、2019年5月1日实施。

GB 18285—2005是对《汽油车怠速污染物排放标准》（GB 14761.5—93）和《汽油车排气污染物的测量　怠速法》（GB/T 3845—93）的修订与合并。规定了点燃式发动机汽车怠速和高怠速工况排气污染物排放限值及测量方法，同时规定了稳态工况法、瞬态工况法和简易瞬态工况法三种简易工况测量方法。增加了高怠速工况排放限值和对过量空气系数（λ）的要求。适用于装用点燃式发动机的新生产和在用汽车。

对于使用闭环控制电子燃油喷射系统和三元催化转化器技术的汽车进行过量空气系数（λ）的测定。发动机转速为高怠速转速时，λ应为1.00±0.03或在制造厂规定的范围内。进行λ测试前，应按照制造厂使用说明书的规定预热发动机。

增加λ测量、监控电喷汽车的空燃比是否正常，主要是为了保证三元催化器对氧化型污染物和还原型污染物都同时能高效净化。如果发动机ECU系统没有调整到正确的λ值，最好的催化器也难以通过检测。欧洲的研究表明：对未通过检测的三元催化器车做原因分析时发现，因λ失效使排放超标占全部受检车辆的45.45%，而因催化器失效使其超标仅为15.57%。通过对λ的监测，可及时发现和维修车辆故障，达到有效减少排气污染物的目的。

标准中规定的四种检测方法，双怠速法为目前全国在用车排气污染物主要的强制性检测方法。机动车保有量大且空气污染严重的地区，则可采用标准中所列的简易工况法检测。对于三种简易工况法，地方环保部门根据自身情况进行选择，对已实施简易工况法的车型，环保定期检测时将不再执行双怠速法。

对于实施简易工况法的地区或城市，需制定地方排放限值，经省级人民政府批准后执行，同时报环保总局备案。为使所制定的排放限值科学合理，制定了《确定点燃式发动机在用汽车简易工况法排气污染物排放限值的基本原则和方法》（HJ/T 240），已由国家环保总局于 2005 年 12 月 12 日批准发布，2006 年 1 月 1 日实施，作为地方制定排放限值的依据。

《汽油车污染物排放限值及测量方法（双怠速法及简易工况法）》（GB 18285—2018）是对《点燃式发动机汽车排气污染物排放限值及测量方法（双怠速法及简易工况法）》（GB 18285—2005）和《确定点燃式发动机在用汽车简易工况法排气污染物排放限值的原则和方法》（HJ/T 240—2005）的修订。规定了汽油车双怠速法、稳态工况法、瞬态工况法和简易瞬态工况法排气污染物排放限值及测量方法。同时规定了汽油车外观检验、OBD 检查、燃油蒸发排放控制系统检测的方法和判定依据。

一、新生产汽车下线

1. 外观检验和 OBD 检查

检验员检查污染物控制装置与随车清单一致（信息公开），主要包括：

① 用手机扫描防伪二维码，输入发动机号后六位查询网上公开的信息，与纸质公开信息核对；

② 与车辆铭牌和合格证核对车辆信息；

③ 对于重型车，与发动机铭牌核对发动机信息；

④ 按照环保信息随车清单所列污染控制技术信息对实车的环保关键配置进行核对。

新注册车排放污染物检查如图 2-1 所示。

2. OBD 检查

检查 OBD 通信，故障代码：

① 故障指示器状态（目测 MIL 灯）；

② 诊断仪读取的故障指示器状态（OBD 诊断仪读取）；

③ 故障码、MIL 灯点亮后的行驶里程和诊断就绪状态值；

④ 远程排放管理车载终端通信（如有）。

注：2018 年 1 月 1 日以后生产的柴油车，如果 OBD 检验不合格，则判定车辆检查不合格。

3. 排气污染物检测

生产企业可根据国家标准要求选择检测方法，排放结果不得超过表 2-1～表 2-4 规定的排放限值。生产企业也可采用其他方法进行排放检测，但应证明其等效性。

单一燃料汽车，仅按燃用单一燃料进行排放检测；两用燃料汽车，要求使用两种燃料分别进行排放检测。

新定型混合动力电动汽车污染物测试应在最大燃料消耗模式下进行，车辆应具备明显可见的最大燃料消耗模式切换开关，方便切换为最大燃料消耗模式，并能在最大燃料消耗模式下正常运行（包括怠速），便于进行排放测试，且开关位置应在汽车使用说明书中明确说明。

重型柴油车环保信息随车清单

（防伪码）

第一部分　车辆信息

1　车辆型号：

2　商　　标：

3　汽车分类：　N2

4　排放阶段：　国四

5　车型的识别方法和位置：

6　车辆制造商名称：　北汽福田汽车股份有限公司

（VIN码）

第二部分　发动机信息

8　发动机型号：

9　发动机编号：

10　制造商名称：　安徽全柴动力股份有限公司

11　系族名称：

12　生产厂地址：

13　厂　　牌：

14　型式检验信息：

依据的标准	检测机构	检测结论
GB 17691-2005	国家汽车质量监督检验中心（襄阳）	符合
GB 3847-2005	国家汽车质量监督检验中心（襄阳）	符合
HJ 437-2008	国家汽车质量监督检验中心（襄阳）	符合
HJ 438-2008	国家汽车质量监督检验中心（襄阳）	符合
GB 1495-2002	济南汽车检测中心	符合

15　出厂检验项目及结论：　自由加速烟度试验，合格

第四部分　污染控制技术信息

17　最大净功率/转速（kW/r/min）：　58/3200

18　最大净扭矩/转速（Nm/r/min）：　200/2000

19　燃料供给系统型式：　高压共轨

23　中冷器型式：　空空中冷

27　排气后处理系统型号/生产厂：　DOC:QC-AKL-C101/安徽艾可蓝环保股份有限公司；POC:QC-AKL-C201/安徽艾可蓝环保股份有限公司

封装/载体/涂层生产厂：

30　进气消声器型号/生产厂：　无

31　排气消声器型号/生产厂：　/安徽全柴动力股份有限公司

第五部分　制造商/进口企业信息

32　法人代表：

33　地　　址：北京市昌平区沙河镇沙阳路

34　联系电话：010-

本清单内容及相关信息可查询本公司官方网站（正在建设中）

和环境保护部机动车和非道路移动机械环保信息公开平台（http://www.vecc-mep.org.cn）。

环保信息公开专用章

图 2-1　新注册车排放污染物检查

1—防伪码；2—车辆信息；3—发动机信息；4—污染控制技术信息

二、注册登记和在用汽车

1. 外观检验和 OBD 检查

检验员主要对以下情况进行检查：

① 车辆是否存在异常情况；

② 检查是否配置有 OBD 系统；

③ 是否适合进行加载减速工况检测；

④ 污染物控制装置是否完好等。

2. 双怠速法

按 GB 18285—2018 附录 A 规定的双怠速法进行检测，其检测结果应小于表 2-1 中规定的排放限值。

表 2-1　双怠速法检验排气污染物排放限值

类别	怠速		高怠速	
	CO/%	HC①/$\times 10^{-6}$	CO/%	HC①/$\times 10^{-6}$
限值 a	0.6	80	0.3	50
限值 b	0.4	40	0.3	30

①对以天然气为燃料的点燃式发动机汽车，该项目为推荐性要求。

排放检验的同时，应进行过量空气系数（λ）的测定。发动机在高怠速转速工况时，λ 应在 1.00±0.05 之间，或者在制造厂规定的范围内。

怠速工况指汽车发动机最低稳定转速工况，即离合器处于结合位置，变速器处于空挡位置（对于自动变速器的车应处于“停车”或“P”挡位），油门踏板处于完全松开位置。高怠速工况是满足上述（除油门踏板处于完全松开位置外）的条件，用油门踏板将发动机转速稳定控制在本标准规定的高怠速转速下。标准中将轻型汽车的高怠速转速规定为（2500±100）r/min，重型汽车的高怠速转速规定为（1800±100）r/min；如不适用，则按照制造厂技术文件中规定的高怠速转速。

3. 稳态工况法

按 GB 18285—2018 附录 B 规定的稳态工况法进行检测，其检测结果应小于表 2-2 规定的排放限值。应同时进行过量空气系数（λ）的测定。

表 2-2　稳态工况法排气污染物排放限值

类别	ASM5025			ASM2540		
	CO/%	HC①/$\times 10^{-6}$	NO/$\times 10^{-6}$	CO/%	HC①/$\times 10^{-6}$	NO/$\times 10^{-6}$
限值 a	0.50	90	700	0.40	80	650
限值 b	0.35	47	420	0.30	44	390

①对于装用以天然气为燃料点燃式发动机汽车，该项目为推荐性要求。

4. 瞬态工况法

按 GB 18285—2018 附录 C 规定的瞬态工况法进行检测，其检测结果应小于表 2-3 规定的排放限值。应同时进行过量空气系数（λ）的测定。

表 2-3　瞬态工况法排气污染物排放限值

类别	CO/(g/km)	HC+NO_x/(g/km)
限值 a	3.5	1.5
限值 b	2.8	1.2

5. 简易瞬态工况法

按 GB 18285—2018 附录 D 规定的简易瞬态工况法进行检测，其检测结果应小于表 2-4 规定的排放限值。应同时进行过量空气系数（λ）的测定。

表 2-4 简易瞬态工况法排气污染物排放限值

类别	CO/(g/km)	HC[①]/(g/km)	NO_x/(g/km)
限值 *a*	8.0	1.6	1.3
限值 *b*	5.0	1.0	0.7

①对于装用以天然气为燃料点燃式发动机汽车，该项目为推荐性要求。

三、结果判定

① 如果检测结果中任何一项污染物不满足限值要求，则判定车辆排放检验不合格。

② 如果双怠速法过量空气系数超出表 2-1 中要求的控制范围，也判定车辆排放检验结果不合格。

③ 2011 年 7 月 1 日以后生产的轻型汽车，以及 2013 年 7 月 1 日以后生产的重型汽车，如果 OBD 检查不合格，则判定排放检验结果不合格。

④ 检验完毕后，应签发机动车环保检验报告。

⑤ 排放检验过程中，禁止使用降低排放控制装置功效的失效策略，所有针对污染控制装置的篡改都属于排放检验不合格。

⑥ 自本标准实施之日起，在用汽车的排放检验（包括定期排放检验和监督抽测）应符合本标准要求。

⑦ 在用汽车排气污染物检测应符合本标准规定的限值 *a*。对于汽车保有量达到 500 万辆以上，或机动车排放污染物为当地首要空气污染源，或按照法律法规设置低排放控制区的城市，应在充分征求社会各方面意见基础上，经省级人民政府批准和国务院生态环境主管部门备案后，可提前选用限值 *b*，但应设置足够的实施过渡期。

⑧ 同一省内原则上应采用同一种检测方法。采用本标准规定的不同方法的检测结果各地应予互认。跨地区检测的，如车辆登记地或检测地中有执行限值 *b* 的，则应符合限值 *b* 要求，测量方法允许按照检测地规定的测量方法进行。

第二节 柴油车排气污染物检验要求

作为我国对柴油车排气烟度控制的重要技术法规，国家强制性污染物排放标准 GB 3847—2005 已于 2005 年 5 月 30 日批准发布，要求 2005 年 7 月 1 日实施；GB 3847—2018 已于 2018 年 11 月 7 日批准发布，2019 年 5 月 1 日实施。

欧洲和一些国家对压燃式发动机/汽车除要求控制 CO、HC、NO_x 和 PM 四种污染物外，还要控制排气烟度，即排气中可吸收和散射光源发出光线的那部分颗粒物质。为限制排气烟度，我国曾于 1999 年发布了《压燃式发动机和装用压燃式发动机的车辆排气可见污染物限值及测试方法》（GB 3847—1999），该标准对发动机和汽车的排气烟度做了型式核准和生产一致性方面的规定，为以后排气烟度的控制打下了基础。

原标准实施几年后，其问题逐渐显示出来：缺乏新机型、新车型、环保型式核准的申请，没有在用车排气烟度限值及检测方法的内容。根据我国对柴油车污染控制的需要，必须尽早结束新柴油机/汽车制造时有烟度要求，而在用车却无排气烟度标准进行监控的状况。通过修订，增补了新柴油机/汽车和在用车排气烟度的许多重要内容，使各地环保局对在用车排气烟度的监管有了技术法规依据。

GB 3847—2005 规定了车用压燃式发动机和压燃式发动机汽车的排气烟度排放限值及测量方法。标准适用于压燃式发动机排气烟度的排放，包括发动机型式核准和生产一致性检查；适用于压燃式发动机汽车排气烟度的排放，包括新车型式核准和生产一致性检查，新生产汽车和在用汽车的检测。其中压燃式发动机汽车包括按 GB 14761.6—93 生产制造的在用汽车和符合 GB 18352 标准的压燃式轻型汽车，不包括低速载货汽车和三轮汽车。

GB 3847—2018 是对《车用压燃式发动机和压燃式发动机汽车排气烟度排放限值及测量方法》(GB 3847—2005) 和《确定压燃式发动机在用汽车加载减速法排气烟度排放限值的原则和方法》(HJ/T 241—2005) 的修订，规定了柴油车自由加速法和加载减速法排气污染物排放限值及测量方法，也规定了柴油车外观检验、OBD 检查的方法和判定依据；适用于新生产柴油汽车下线检验、注册登记检验和在用汽车检验，也适用于其他装用压燃式发动机的汽车，不适用于低速货车和三轮汽车。

一、新生产汽车下线

对新生产汽车（包括进口）和注册登记汽车，应检查污染物控制装置与随车清单一致（信息公开）。

按照规定进行下线车辆排放抽测，排放结果应小于表 2-5 规定的排放限值。生产企业也可采用其他方法进行排放检测，但应证明其等效性。

新定型混合动力汽车污染物测试应在最大燃料模式下进行，车辆应具备明显可见的最大燃料消耗模式切换开关，方便切换为最大燃料消耗模式，并能在最大燃料消耗模式下正常运行（包括怠速），便于进行排放测试，且开关位置应在汽车使用说明书中明确说明。

二、注册登记和在用汽车

有手动选择行驶模式功能的混合动力电动汽车应切换到最大燃料消耗模式进行测试，如无最大燃料消耗模式，则切换到混合动力模式进行测试，在测试时若发动机自动熄火、自动切换到纯电模式，无须中止测试，可进行至测试结束。

应按照 GB 3847—2018 附录 A 或附录 B 规定的方法进行检测，其检测结果应小于表 2-5 规定的排放限值。

表 2-5 在用汽车和注册登记排放检验排放限值

类别	自由加速法		加载减速法			林格曼烟气黑度（林格曼烟气黑度法）/级
	光吸收系数/m^{-1}	不透光度/%	光吸收系数①/m^{-1}	不透光度/%	氮氧化物②/$\times10^{-6}$	
限值 a	1.2	40	1.2	40	1500	1
限值 b	0.7	26	0.7	26	900	

①海拔高于 1500m 的地区加载减速法可以按照每增加 1000m 增加 $0.25m^{-1}$ 幅度调整，总调整不得超过 0.75m。
②2020 年 7 月 1 日前限值 b 过渡限值为 1200×10^{-6}。

三、结果判定

① 如果污染物检测结果中有任何一项不满足限值要求，则判定排放检验不合格。

② 车辆排放有明显可见烟度或烟气黑度值超过林格曼 1 级，则判定排放检验不合格。

③ 加载减速法功率扫描过程中，经修正的轮边功率测量结果不得低于制造厂规定的发动机额定功率的 40%，否则判定为检验结果不合格。

④ 对于 2018 年 1 月 1 日以后生产的车辆，如果 OBD 检验不合格，也判定排放检验不合格。

⑤ 检验完毕后，应签发机动车环保检验报告。

⑥ 禁止使用降低排放控制装置功效的失效策略。所有针对污染控制装置的篡改都属于排放检验不合格。

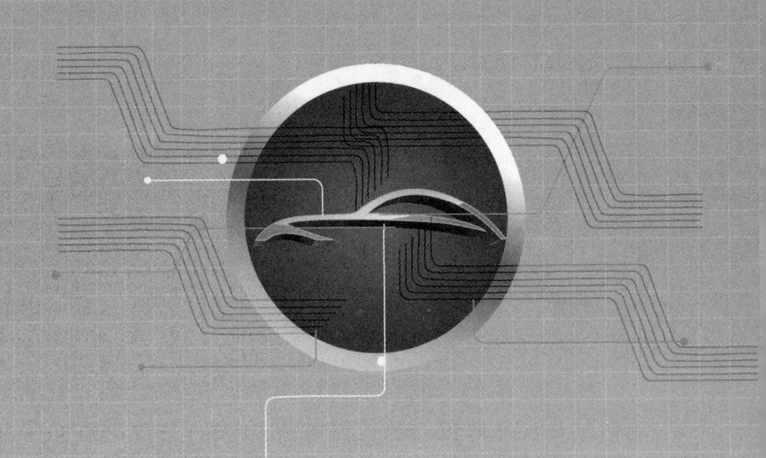

第三章 汽油车排气污染物检验方法

为了保证与现行在用车排放标准的有效衔接和顺利过渡，新发布的 GB 18285—2018 和 GB 3847—2018 继续保留了汽油车和柴油车的现有检测方法，但都以简易工况法为主，只有四轮驱动等不能进行简易工况法检测的车辆，才可以采用双怠速或自由加速法测试。监管执法人员也可采用双怠速或自由加速法，分别对在用汽、柴油车进行监督抽测。标准实施后，对柴油车将主要采用加载减速法进行排放检测。

汽油车排放标准还同时保留稳态工况法和简易瞬态工况法，主要考虑如下。

① 这两种方法在我国都在大规模使用。2017 年，全国共有稳态工况法检测线 5697 条，简易瞬态工况法检测线 5555 条。

② 大数据分析表明，稳态工况法和简易瞬态工况法对高排放车辆筛选能力相当，无明显优劣之分。

③ 根据欧洲和美国在用车检测经验，未来主要的检测方法将逐步转向 OBD 功能检查，不再以尾气检测为重点。

第一节 怠速法

2005 年之前，我国汽油车排放污染物采用怠速法来检测。这种方法属于无负载检测法，测试仪器价格便宜，试验方法简单快捷。

怠速是汽车多种工况里的一种。汽车启动后的暖机、道路堵车或十字路口红灯待车时，均为怠速工况。怠速时发动机为小油门低速空转状态。怠速检测主要用于在用车以及车间新车下线后的入库合格性检测。国家环保总局机动车排污监控中心多年来测量的 CO、HC 浓度值不高，尤其是行驶里程在 8 万千米内的电喷车，排放的 CO、HC 远低于标准值（表 3-1）。对于有故障或保养很差的车，发动机严重偏离正常燃烧，使怠速时排气的 CO、HC 含量显著高于正常值。

目前，怠速法已废止，现行检验方法依据《汽油车污染物排放限值及测量方法（双怠速法及简易工况法）》（GB 18285—2018）进行。为了与双怠速法作比较，对怠速检测作简要描述。

表 3-1　轻型汽油车正常情况下的怠速排放范围

类别	CO/%	HC/$\times10^{-6}$
化油器车	1.5～3.5(标准为 4.5)	150～500(标准为 900)
电喷车(三元催化器)	<0.4(新国标 0.8、1.0)	<50(新国标 150、200)

第二节　双怠速法

2005 年 7 月 1 日，我国正式实施标准《点燃式发动机汽车排气污染物排放限值及测量方法（双怠速法及简易工况法）》（GB 18285—2005），在汽车排放污染检验中，采用双怠速检测方法取代了怠速检测方法。2018 年修订更新发布了《汽油车污染物排放限值及测量方法（双怠速法及简易工况法）》(GB 18285—2018)，调整了具体的检测方法。

一、检验流程

汽车污染物排放检验按照现行标准《汽油车污染物排放限值及测量方法（双怠速法及简易工况法）》(GB 18285—2018）执行，双怠速法测量程序如图 3-1 所示。

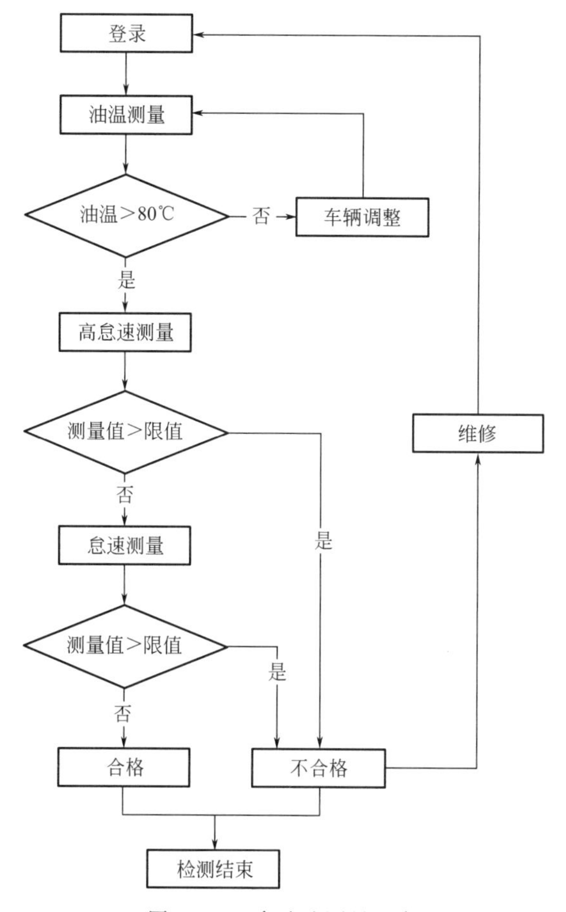

图 3-1　双怠速法测量程序

① 应保证被检测车辆处于制造厂规定的正常状态，发动机进气系统应装有空气滤清器，排气系统应装有排气消声器和排气后处理装置，排气系统不允许有泄漏。

② 进行排放测量时，发动机冷却液或润滑油温度应不低于 80℃，或者达到汽车使用说明书规定的热状态。

③ 发动机从怠速状态加速至 70%额定转速或企业规定的暖机转速，运转 30s 后降至高怠速状态。将双怠速法排放测试仪取样探头插入排气管中，深度不少于 400mm，并固定在排气管上。维持 15s 后，由具有平均值计算功能的双怠速法排放测试仪读取 30s 内的平均值，该值即为高怠速污染物测量结果。对使用闭环控制电子燃油喷射系统和三元催化转化器技术的汽车，还应同时计算过量空气系数（λ）的数值。

④ 发动机从高怠速降至怠速状态 15s 后，由具有平均值计算功能的双怠速法排放测试仪读取 30s 内的平均值，该值即为怠速污染物测量结果。

⑤ 在测试过程中，如果任何时刻 CO 与 CO_2 的浓度之和小于 6.0%，或者发动机熄火，应终止测试，排放测量结果无效，需重新进行测试。

⑥ 对双排气管车辆，应取各排气管测量结果的算术平均值作为最终结果，也可以采用 Y 形取样管的对称探头同时取样。

⑦ 若车辆排气系统设计导致的车辆排气管长度小于测量深度时，应使用排气延长管。

应使用符合规定的市售燃料，例如车用汽油、车用天然气、车用液化石油气等。试验时直接使用车辆中的燃料进行排放测试，不需要更换燃料。

二、存在问题

汽油车双怠速检测方法具有一定的局限性，怠速法与自由加速法共有的、突出的弊端是检测时车辆无载荷，检测结果不能反映车辆行驶时的排放状况。随着社会对汽车环保要求的提高，以往的在用车排放检测方法已暴露出以下问题。

① 双怠速法不能全面反映出汽车真实的排放状况。国家生态环境部机动车排污监控中心的数据表明，一些达国一或国二标准的车在行驶了 10 万千米后，有负载的工况法检测表明其排放已超标，但双怠速检测的 CO 和 HC 却仍然达标。

② 双怠速检测对 NO_x 排放无控制要求，对那些行驶中 NO_x 排放高的车，双怠速法无能为力。

③ 对于化油器车留下了作弊机会。怠速检测超标的车本应通过维修保养来降低排放，但一些车主年检前将化油器怠速螺钉、节气门螺钉向混合气偏稀方向调整，偏离正常的怠速浓混合气设计状态。“混过”年检后，为不使车辆启动困难，再将化油器调整恢复到原状态。

三、检测方法改进

为了克服无负载检测方法存在的弊端，以美国为主发展了车辆有载荷检测方法：将车辆置于底盘测功机上按标准规定的车速“行驶”，驱动轮带动滚筒转动，滚筒并非自身无阻力旋转，测功机会按试验人员的事先设定向滚筒，最终向车辆驱动轮施加一定的负载，来模拟汽车在道路上的行驶阻力。车辆按一定速度、克服一定的阻力，行驶完试验工况曲线，同时测量排气污染物。对汽油车是测量 CO、HC、NO_x 的浓度，对柴油车是测量烟度。

在用车有载荷检测与新车排放试验相比，测试仪器设备和行驶循环作了简化，试验时间也缩短很多，价格也低很多，故称作“简易工况法”。主要有以下几种。

① 汽油车瞬态工况法（IM195）。

② 汽油车稳态加速模拟工况法（ASM）。

③ 汽油车简易瞬态工况法（VMAS）。

④ 柴油车加载减速工况法（LUG DOWN）。

第三节 稳态工况法

为减少检测设备投资和运行费用，扩大检测范围，提高检测效率，美国又提出了更为简单的工况法。ASM 方法是出现早、使用较多的一种，1996 年美国环保局认可了 ASM。ASM 最大的特点是检测设备充分简化，其设备价格不足 IM195 设备价格的 20%，操作与维护都比 IM195 简单、容易。

在底盘测功机上的测试运转循环由 ASM5025 和 ASM2540 两个工况组成，见图 3-2、表 3-2 所示。

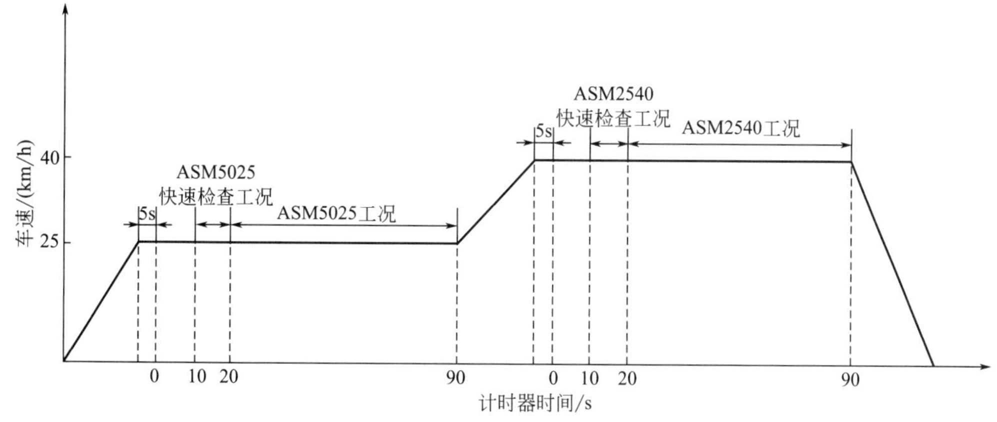

图 3-2 稳态工况法（ASM）测试运转循环

表 3-2 稳态工况法（ASM）测试运转循环表

工况	运转次序	速度/(km/h)	操作持续时间/s	测试时间/s
ASM5025	1	0～25	—	—
	2	25	5	
	3	25	10	90
	4	25	10	
	5	25	70	
ASM2540	6	25～40	—	—
	7	40	5	
	8	40	10	90
	9	40	10	
	10	40	70	

ASM5025 工况要求：经预热后的车辆，在底盘测功机上以 25.0km/h 的速度稳定运行，系统根据测试车辆的基准质量自动施加规定的载荷，测试过程中应保持施加的扭矩恒定，车速保持在规定的误差范围内。

ASM2540 工况要求：经预热后的车辆，在底盘测功机上以 40.0km/h 的速度稳定运行，系统根据测试车辆的整备质量自动施加规定的载荷，测试过程中应保持施加的扭矩恒定，车速控制在规定的误差范围内。

车辆与燃料的要求如下。

① 车辆的机械状况应良好，无影响安全或引起测试偏差的机械故障。

② 车辆排气系统无泄漏。

③ 车辆的发动机、变速箱和冷却系统无液体渗漏。

④ 轮胎表面磨损应符合有关标准的规定，轮胎压力应符合生产厂的规定。

⑤ 应使用符合规定的市售燃料，例如车用汽油、车用天然气、车用液化石油气等。试验时使用车辆中的燃料直接进行排放测试，不需要更换燃料。

检测程序如下。

车辆驱动轮置于测功机滚筒上，将排气分析仪取样探头插入排气管中，插入深度至少为 400mm，并固定于排气管上，对独立工作的多排气管应同时取样。

1. ASM5025 工况

车辆经预热后，加速至 25km/h，测功机根据车辆基准质量自动进行加载，驾驶员控制车辆保持在 (25.0±2.0)km/h 等速运转，维持 5s 后，系统自动开始计时 $t=0$s。如果测功机的速度或者扭矩，连续 2s 或者累计 5s，超出速度或者扭矩允许波动范围（实际扭矩波动范围不允许超过设定值的±5%)，工况计时器置 0，重新开始计时。ASM5025 工况时间长度不应超过 90s ($t=90$s)，ASM5025 整个测试工况最大时长不能超过 145s。

ASM5025 工况计时开始 10s 后 ($t=10$s)，开始进入快速检查工况，排气分析仪器开始采样，每秒测量一次，并根据稀释修正系数和湿度修正系数计算 10s 内的排放平均值，运行 10s ($t=20$s) 后，ASM5025 快速检查工况结束，进行快速检查判定。如果被检车辆没有通过快速检查，则车辆继续运行至计时器 $t=90$s，ASM5025 工况结束，期间车速应控制在 (25.0±2.0)km/h 内。

在 0～90s 的测量过程中，如果任意连续 10s 内第 1～10s 的车速变化相对于第 1s 小于 ±1.0km/h，则测试结果有效。快速检查工况 10s 内的排放平均值经修正后如果等于或低于排放限值的 50%，则测试合格，排放检测结束，输出检测结果报告；否则应继续进行完成整个 ASM5025 工况。如果所有检测污染物连续 10s 的平均值经修正后均不大于标准规定的限值，则该车应被判定为 ASM5025 工况合格，排放检验合格，打印检验合格报告。如任何一种污染物连续 10s 的平均值修正后超过限值，则应继续进行 ASM2540 工况检测；在检测过程中如果任意连续 10s 内的任何一种污染物 10s 排放平均值经修正后均高于限值的 500%，则测试不合格，输出检测结果报告，检测结束。

在上述任何情况下，检验报告单上输出的测试结果数据均为测试结果的最后 10s 内，经修正后的平均值。

2. ASM2540 工况

ASM5025 工况排放检验不合格的车辆，需要继续进行 ASM2540 工况排放检验。被检车辆在 ASM5025 工况结束后应立即加速运行至 40.0km/h，测功机根据车辆基准质量自动加载，车辆保持在（40.0±2.0)km/h 范围内等速运转，维持 5s 后开始计时（t=0s)。如果测功机的速度或者扭矩，连续 2s 或者累计 5s，超出速度或者扭矩允许波动范围（实际扭矩波动范围不容许超过设定值的±5%)，则工况计时器置 0，重新开始计时，ASM2540 工况时间长度不应超过 90s（t=90s)，则 ASM2540 整个测试工况最大时长不能超过 145s。

ASM2540 工况计时 10s 后（t=10s)，开始进入快速检查工况，计时器为 t=10s，排气分析仪器开始测量，每秒钟测量一次，并根据稀释修正系数及湿度修正系数计算 10s 内的排放平均值，运行 10s（t=20s）后，ASM2540 快速检查工况结束，进行快速检查判定。ASM2540 测试期间快速检查工况只能进行一次。如果没有通过快速检查，则车辆继续进行测试，期间车速应控制在（40.0±2.0)km/h 内。

在 0～90s 的测量过程中，任意连续 10s 内第 1～10s 的车速变化相对于第 1s 小于±1.0km/h，测试结果有效。快速检查工况 10s 内的排放平均值经修正后如果不大于限值的 50%，则测试合格，排放检测结束，输出检测结果报告；否则应继续。如果所有检测污染物连续 10s 的平均值经修正后均低于或等于标准规定的限值，则该车应判定为排放检验合格，排放检测结束，输出排放检验合格报告。如任何一种污染物连续 10s 的平均值经修正后超过限值，则车辆排放测试结果不合格，继续进行到本工况检测结束，输出不合格检验报告。

在上述任何情况下，检验报告单上输出的测试结果数据均为测试结果的最后 10s 内经过修正的平均值。

第四节　瞬态工况法

IM195 源自 IM240。IM240 行驶工况采用美国 FTP 曲线前 333s 的两个峰，经修改缩短为 240s，因此 IM240 是变车速变负荷的瞬态工况。该方法采用与新车认证试验工作原理一致的测试设备。GB 18285—2005 对其行驶工况改为欧洲十五工况 195s 单循环。

在底盘测功机上进行的瞬态工况运转循环见表 3-3，并用图 3-3 进一步加以描述，按运转状态分解的统计时间见表 3-4 和表 3-5。

表 3-3　瞬态工况运转循环

操作序号	操作	工序	加速度/(m/s²)	速度/(km/h)	每次时间/s		累计时间/s	手动换挡时使用的挡位
					操作	工况		
1	怠速	1	—	—	11	11	11	6s PM① +5s $K_1$②
2	加速	2	1.04	0～15	4	4	15	1
3	等速	3	—	15	8	8	23	1
4	减速	4	−0.69	15～10	2	5	25	1
5	减速，离合器脱开		−0.92	10～0	3		28	K_1
6	怠速	5	—	—	21	21	49	16s PM+5s K_1
7	加速	6	0.83	0～15	5	12	54	1
8	换挡		—	—	2		56	—
9	加速		0.94	15～32	5	—	61	2
10	等速	7	—	32	24	24	85	2

续表

操作序号	操作	工序	加速度/(m/s^2)	速度/(km/h)	每次时间/s		累计时间/s	手动换挡时使用的挡位
					操作	工况		
11	减速	8	−0.75	32～10	8	11	93	2
12	减速，离合器脱开		−0.92	10～0	3		96	K_2
13	怠速	9	—	—	21	24	117	16s PM+5s K_1
14	加速	10	0.83	0～15	5	26	122	1
15	换挡		—	—	2		124	—
16	加速		0.62	15～35	9		133	2
17	换挡		—	—	2		135	—
18	加速		0.52	35～50	8		143	3
19	等速	11	—	50	12	12	155	3
20	减速	12	−0.52	50～35	8	8	163	3
21	等速	13	—	35	13	13	176	3
22	换挡	14	—	—	2	12	178	—
23	减速		−0.86	35～10	7		185	2
24	减速，离合器脱开		−0.92	10～0	3		188	K_2
25	怠速	15	—	—	7	7	195	7s PM

①PM 表示变速器置空挡，离合器接合。

②K_1、K_2 表示变速器置一挡或二挡，离合器脱开。

表 3-4　按工况分解

工况	时间/s	比例/%	
怠速	60	30.8	35.4
怠速、车辆减速、离合器脱开	9	4.6	
换挡	8	4.1	
加速	36	18.5	
等速	57	29.2	
减速	25	12.8	
合计	195	100	

表 3-5　按使用挡位分解

变速器挡位	时间/s	比例/%	
怠速	60	30.8	35.4
怠速、车辆减速、离合器脱开	9	4.6	
换挡	8	4.1	
一挡	24	12.3	
二挡	53	27.2	
三挡	41	21.0	
合计	195	100	

注：1. 测试期间平均车速：19km/h。

2. 有效行驶时间：195s。

3. 循环理论行驶距离：1.013km。

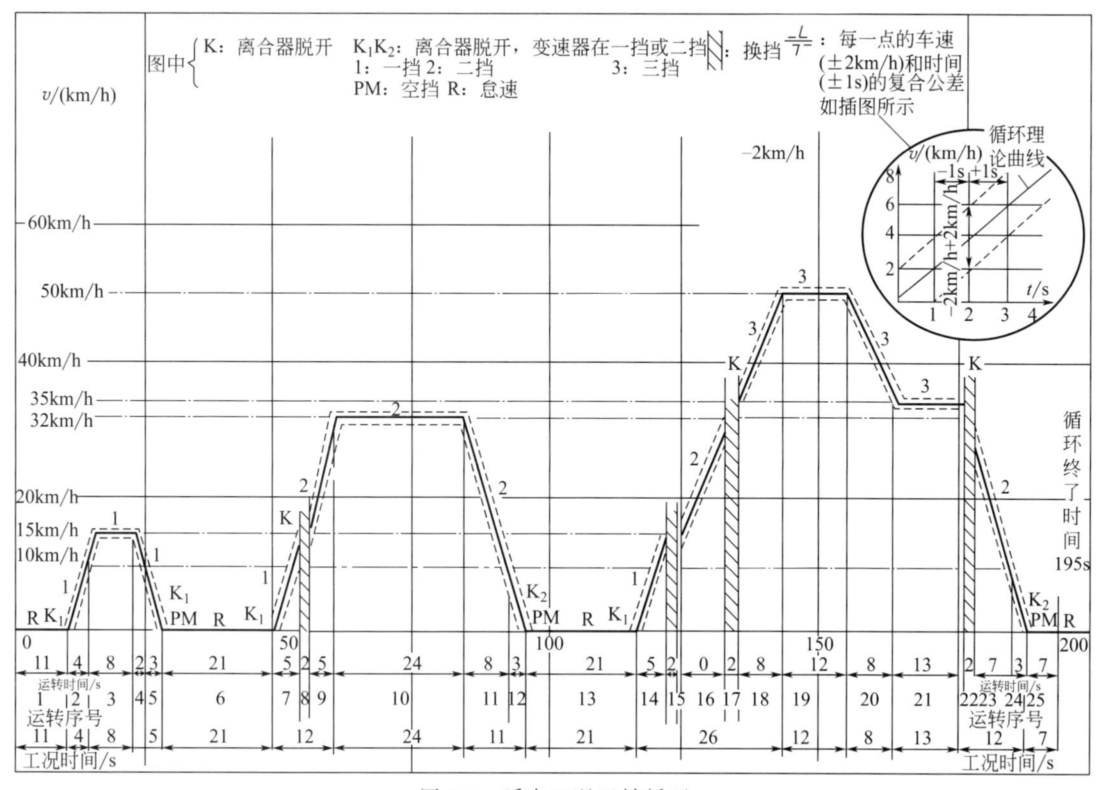

图 3-3　瞬态工况运转循环

IM195 配备载荷可设定的功率吸收单元和惯性飞轮组的底盘测功机，以模拟道路行驶阻力和车辆加速惯量。采样系统为定容稀释取样（CVS）。污染物分析：CO 用不分光红外分析仪（NDIR），HC 用氢离子火焰分析仪（FID），NO_x 用化学发光分析仪（CLD）。最后的测量结果以“g/km”表示。

美国 IM240 试验结果与新车 FTP 结果有很好的相关性，相关因子可达到：CO 为 91.8%，HC 为 94.7%，NO_x 为 84.3%。同时，IM240 试验结果与 FTP 结果相比离散性很小，所以 IM240 的错判率很低。

IM195 是一种技术含量高的检测方法，设备费用昂贵，维护比较复杂，检测时间较长，对检测使用人员有较高的要求。IM195 不适合大面积应用，对于有条件的城市，安装一套进行在用车排气污染课题研究是有益的。

车辆和燃料要求如下。

① 受检车辆机械状况良好，无可能影响安全或引起测试偏差的机械故障。

② 受检车辆进、排气系统无泄漏。

③ 受检车辆的发动机、变速箱和冷却系统等无液体渗漏。

④ 关闭受检车辆的空调和暖风等附属装备。

⑤ 受检车辆驱动轮胎应干燥，轮胎磨损符合要求，轮胎间无杂物，轮胎气压符合车辆使用说明书的规定，车辆限位良好。

⑥ 进行测试前，受检车辆工作温度应符合出厂规定要求，过热车辆不得进行排放测试。如果受检车辆在测试前熄火时间超过 20min，或车辆冷却液温度低于 80℃，在排放测试前，

应采取适当措施对测试车辆进行预热处理，使冷却液温度达到80℃以上。

⑦ 应使用符合规定的市售燃料，例如车用汽油、车用天然气、车用液化石油气等。试验时直接使用车辆中的燃料进行排放测试，不需要更换燃料。

测试前的准备如下。

① 检验驾驶员将被检验车辆驾驶到底盘测功机上，驱动轮置于滚筒上，应确保车辆横向稳定，驱动轮胎应干燥防滑。

② 对车辆进行可靠限位，对前轮驱动车辆，测试前应使驻车制动起作用。

③ 关闭受检车辆发动机，根据需要在发动机上安装冷却液或润滑油温度传感器等测试仪器。

④ 将排气收集软管安装到车辆排气管上并可靠固定，注意排气收集软管的走向不应明显增加排气系统的流动阻力。

检测程序如下。

（1）启动发动机

① 按照制造厂使用说明书的规定启动发动机。如果排放测试前，受检车辆的发动机处于关机状态，试验前应尽早启动发动机，在进行瞬态排放测试前，发动机至少已连续运转30s以上。

② 发动机保持怠速运转40s，在40s终了时刻开始进行排放测试循环，同时开始排气取样。

③ 排放测试期间，驾驶检验员应该根据司机助上显示的“速度-时间”曲线轨迹规定的速度和换挡时刻驾驶车辆，在底盘测功机上进行排放测试期间严禁转动方向盘。

（2）怠速

① 手动或半自动变速器。怠速期间，离合器应接合，变速器置于空挡位置。为保证车辆能够按规定循环进行加速，在驾驶循环每个怠速的后期，即加速开始前5s，断开离合器，变速器置一挡。

② 自动变速器。选择好挡位后，除特殊情况或选择器可以使用超速挡以外，排放测试期间，不得再操作挡位选择器。

（3）加速

① 在加速工况中应尽可能地保持加速度恒定。

② 如果在规定时间内未能完成加速过程，若可能，所需的额外时间可从工况改变的复合公差允许时间中扣除，否则应该从下一个等速工况的时间段内扣除。

③ 使用自动变速器的车辆，如果在规定时间内不能完成加速过程，应按手动变速器的要求，操作挡位选择器。

（4）减速

① 在所有减速工况时间内，应完全松开油门踏板，离合器接合，当车速降到10km/h时，脱开离合器，整个减速过程中，不得操作挡位。

② 如果减速时间比相应工况规定的时间长，则允许使用车辆制动器，使循环按规定的时间进行。

③ 如果减速时间比相应工况规定的时间短，应由下一个等速工况或怠速工况中的时间进行补偿，使循环按规定的时间进行。

（5）等速

① 从加速工况过渡到下一个等速工况时，应避免猛踏油门踏板或关闭节气门。

② 应采用保持油门踏板位置不变的方法进行等速工况试验。

③ 当车速降低到 0km/h 时（车辆停止在转鼓上），变速器应置空挡，离合器接合。

驾驶员在瞬态排放测试过程中，应驾驶车辆跟踪司机助上显示的随时间变化的速度曲线（速度轨迹），速度曲线轨迹应清晰可见，以方便驾驶员跟踪，并能够预测后续的速度，速度曲线上应明确规定换挡时机。在整个测试循环中，排放测量系统应该能够逐秒测量并记录稀释排气中的 HC、CO、CO_2 和 NO_x 浓度。

第五节 简易瞬态工况检验方法

简易瞬态工况法吸取了 IM195 测量稀释排气量最终可得出污染物排放质量的优点，采用气体流量分析仪来测量汽车稀释后的排气流量，经处理计算，最终得出每种污染物每千米的排放质量。

在底盘测功机上进行的测试运转循环见表 3-3，按运转状态分解的统计时间分别列入表 3-4 和表 3-5。

车辆和燃料要求如下。

① 车辆机械状况良好，没有可能影响安全或引起测试偏差的机械故障。

② 车辆进、排气系统不得有任何泄漏。

③ 车辆的发动机、变速箱和冷却系统等应无液体渗漏。

④ 应关闭受检车辆的空调和暖风等附属装备。

⑤ 进行排放测试前，受检车辆温度应符合制造厂出厂规定，不能对过热车辆进行排放测试。如果受检车辆在排放测试前熄火时间超过 20min，在进行简易瞬态排放测试前，应采取适当措施对被测试车辆进行预热处理。

⑥ 应使用符合规定的市售燃料，例如车用汽油、车用天然气、车用液化石油气等。试验时直接使用车辆中的燃料进行排放测试，不需要更换燃料。

测试前的准备如下。

① 驾驶员将受检车辆驾驶到底盘测功机上，车辆驱动轮应位置于滚筒上，必须确保车辆横向稳定，车辆轮胎应干燥，轮胎间无夹杂石子等杂物。

② 车辆应限位良好，对前轮驱动车辆，测试前应使驻车制动起作用。

③ 关闭发动机，根据需要在发动机上安装机油温度传感器等测试仪器。

④ 将分析仪取样探头插入排气管中，插入深度至少为 400mm，并固定在排气管上。将气体质量分析系统的锥形管安装到车辆排气管上，并按要求进行固定，注意排气收集软管的布置和走向都不应明显增加系统流动阻力。

⑤ 气体质量分析系统中环境空气 O_2 浓度的校正。每次排放测试前，都应利用气体质量分析系统中的氧传感器测量环境大气中氧的浓度，在读数前，气体质量分析系统的鼓风机应该至少运行 1min 以上，不套入汽车排气管，环境空气中 O_2 浓度的读数应该在（20.8±0.3）%的范围内。气体质量分析系统测量的环境 O_2 浓度超出上述范围，主控计算机显示器上应该显示“警告”的字样，要求检验操作人员确认气体质量分析系统的排气采样管

（锥形喇叭口）是否已经连接在排气管上，如已经接入则应摘下；然后主控计算机继续进行环境空气 O_2 浓度测量，如果再次失败，主控计算机应该自动进入环境空气检查程序进行检查。

检测程序如下。

（1）启动发动机

① 按照制造厂使用说明书的规定，启动汽车发动机。

② 发动机保持怠速运转 40s，在 40s 结束时开始排放测试循环，并同时开始排气取样。

③ 在测试期间，驾驶员应该根据驾驶员引导装置上显示的“速度-时间”曲线轨迹规定的速度和换挡时机驾驶车辆，试验期间严格禁止转动方向盘。

（2）怠速

① 手动或半自动变速器。怠速期间，离合器接合，变速器置空挡。为能够按循环正常加速，在循环的每个怠速后期，加速开始前 5s，驾驶员应松开离合器，变速器置一挡。

② 自动变速器。在测试开始时，放好挡位选择器后，在整个测试期间的任何时候，都不得再次操作挡位选择器。

（3）加速

① 在整个加速工况期间，应尽可能使车辆加速度保持恒定。

② 若在规定时间内未能完成加速过程，超出的时间应从工况改变的复合公差允许的时间中扣除，否则应从下一个等速工况时间内扣除。

③ 使用自动变速器的车辆，如果不能在规定时间内完成加速过程，应按手动变速器的要求，操作挡位选择器进行换挡。

（4）减速

① 在所有减速工况时间内，应将加速踏板完全松开，离合器接合，当车速降至 10km/h 左右时，松开离合器，但不得进行换挡操作。

② 如果减速时间比相应工况规定的时间长，允许使用车辆制动器，以便使循环按照规定的时间进行。

③ 如果减速时间比相应工况规定的时间短，则应在下一个等速或怠速工况时间中恢复至理论循环规定的时间。

（5）等速

① 从加速过渡到下一个等速工况时，应避免猛踩加速踏板或关闭节气门操作。

② 应采用保持加速踏板位置不变的方法实现等速驾驶。

③ 循环终了时（车辆停止在转鼓上），变速器置于空挡，离合器接合，排气分析系统停止取样。

④ 根据驾驶员引导装置的提示，将受检车辆开出底盘测功机，或者继续进行后续的测试。

简易瞬态工况法具有以下主要特点。

① 试验循环包含了怠速、加速、匀速和减速各种工况，能反映车辆实际行驶时的排放特征。

② 与新车检测有较高的相关性。检测准确率高，判断不合格车辆的错判率在 5%以内，远低于 ASM 方法。

③ 由于是瞬态法检测，若电喷车氧传感器严重老化，会造成空燃比失控，从而使排污上升。一般难以通过 VMAS 的检测，但却有可能通过稳态 ASM 法的检测。

④ 检测结果以“g/km”表示，有利于归纳当地本年度各种车型的实际排放因子，估算和统计各类车污染物排放总量，有助于该城市制定机动车污染控制规划。

第六节 车载诊断系统检查方法

车载诊断系统的设计约起于 20 世纪 80 年代中期的美国，当时人们发现配备空燃比控制系统的车辆如果排放污染超过管制值时，其含氧感知器通常也有异常，由此逐渐衍生出设计一套可监控各排放控制元件的系统，以早期发现可能超出污染标准的问题车辆。

一、车载诊断 OBD 系统

指安装在汽车和发动机上的计算机信息系统，属于污染控制装置，应具备下列功能：

① 诊断影响排放性能的故障；

② 在故障发生时通过报警系统显示；

③ 通过存储在电控单元存储器中的信息确定可能的故障区域并提供信息离线通信。

二、检查过程

应按图 3-4 的检验流程对 OBD 系统进行检查。

1. 确认车型

在对车辆进行 OBD 检查前，首先应确认该车型是否为配置有 OBD 系统的车型。车型确认之后，如发现 OBD 故障指示器（MIL 灯）被点亮，则要求车主维修后再进行排放检验。如果 MIL 灯未被点亮，则应将 OBD 诊断仪连接到受检车辆上检验是否 OBD 系统故障。

2. 检查故障指示器（目测法）

目测检查仪表板上的故障指示器的状态，初步判断车辆 OBD 系统的故障指示系统的工作是否正常。

将受检车辆点火开关置于 ON Ⅱ挡后（车辆仪表指示灯被点亮），对仪表板上的指示灯进行自检，同时 OBD 故障指示器（MIL 灯）应被激活，暂时点亮；若故障指示器没有被激活，说明 MIL 灯本身存在故障，可以判定 OBD 检查结果不合格。

启动发动机，MIL 灯同时熄灭，表明车辆故障指示器工作状态正常，车辆可能不存在确认的排放相关故障；若故障指示器继续被点亮，表明车辆存在排放相关故障，受检车辆需要进行维修，消除故障后重新进行排放检验。

3. 读取 OBD 数据

检验人员在完成故障指示器的检查后，启动 OBD 诊断仪，使用 OBD 诊断仪的快速检查功能，检查是否存在排放相关故障码。整个过程无须进一步进行人工操作，OBD 诊断仪将自动读出检测结果，并将检测结果传输到计算机数据管理系统上，根据输出的检查结果，判断车辆是否存在排放相关故障。

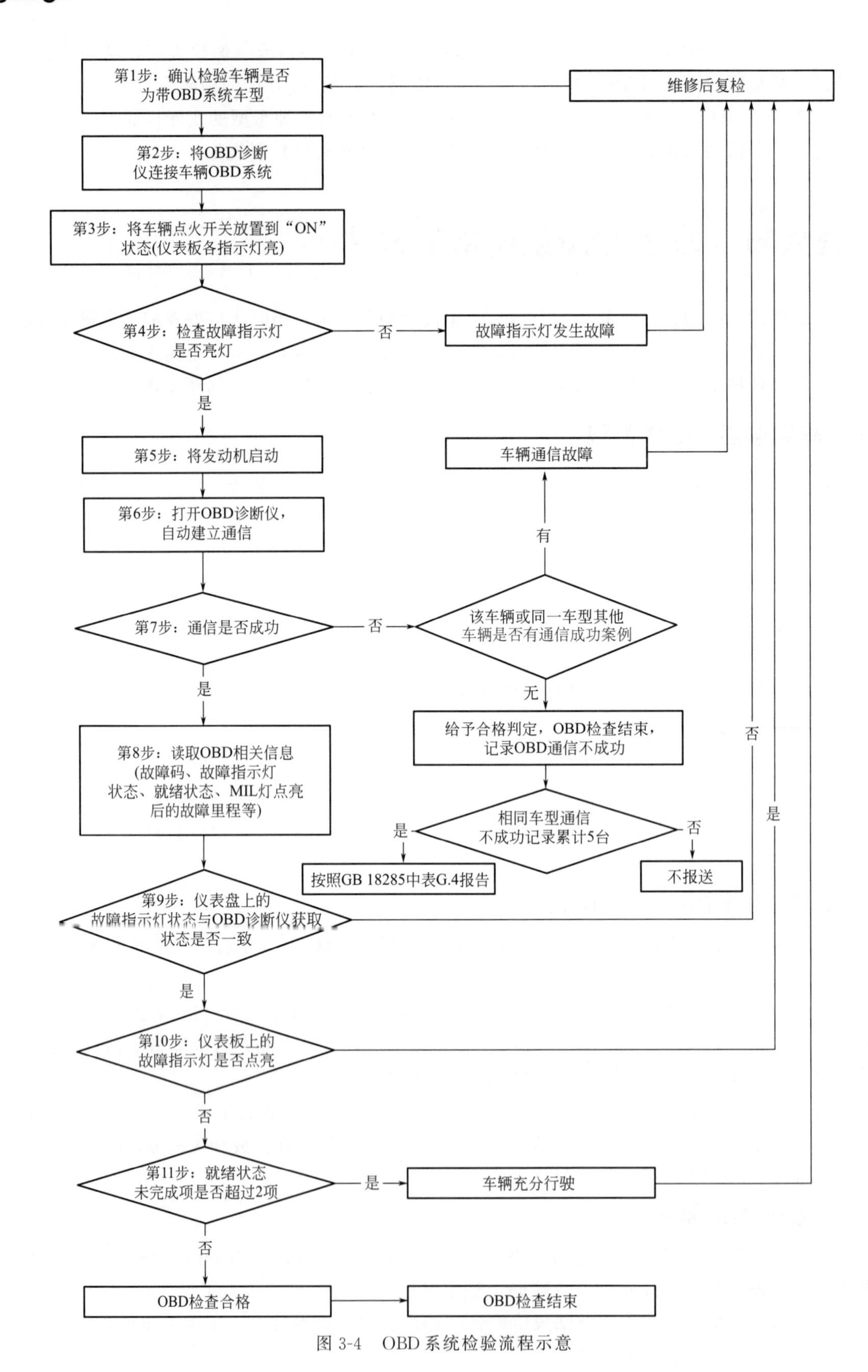

图 3-4　OBD 系统检验流程示意

将OBD诊断仪与车辆诊断接口正确连接后，如果连续两次尝试通信失败，检测人员应确认该OBD诊断仪与其他车辆的OBD系统是否能够正常进行通信。DEC-ECU按照各自通信协议规定的时间里，正确响应扫描工具发送的请求。如与其他车辆能够正常通信，则应进一步查询该车辆的OBD检查记录，以及与该车同型号车辆的OBD检查记录。如有该车辆OBD通信合格记录或同型号车辆OBD通信合格记录，则判定该车OBD检查不合格。如未发现通信合格记录，则受检车辆的OBD检查结束，判定OBD检查通过，在通信检查结果中记录不合格。若同型号车型OBD通信检查记录（至少5台）均不合格，应作为问题车型按照GB 18285中表G.4集中上报。

进一步查看仪表板上故障指示器显示的状态与从OBD诊断仪获取的状态信息是否一致。如果两者的状态一致，并且故障指示灯熄灭，则该项检查合格；若两者状态一致，但是故障指示灯点亮，则该车辆存在与排放相关的故障，车辆排放检验不合格，需要进行维修后复检；若两者状态不一致，判定车辆OBD不合格，需要维修后进行复检，同时作为问题车型上报。

对已通过检查的车辆，应对其诊断就绪状态（Readiness）进行检查，就绪状态未完成项应不超过2项。如果发现受检车辆的就绪状态未完成项超过2项，应暂停排放检验，要求将该车辆充分行驶后再进行检测。

按表3-6进行记录。

表3-6　OBD检查记录

<table>
<tr><td colspan="3">(1)车辆信息</td></tr>
<tr><td colspan="3">车辆VIN</td></tr>
<tr><td colspan="2">发动机控制单元CALID(如适用)</td><td>发动机控制单元CVN(如适用)</td></tr>
<tr><td colspan="2">后处理控制单元CALID(如适用)</td><td>后处理控制单元CVN(如适用)</td></tr>
<tr><td colspan="2">其他控制单元CALID(如适用)</td><td>其他控制单元CVN(如适用)</td></tr>
<tr><td colspan="3">(2)OBD检查信息</td></tr>
<tr><td rowspan="5">OBD故障指示器状态</td><td>OBD故障指示器</td><td>□合格　□不合格</td></tr>
<tr><td rowspan="2">与OBD诊断仪通信情况</td><td>□通信成功</td></tr>
<tr><td>□通信不成功，填写以下原因：
□找不到接口　□接口损坏　□连接后不能通信</td></tr>
<tr><td>OBD系统故障指示灯被点亮</td><td>□是　□否</td></tr>
<tr><td>故障码及故障信息(如果故障指示灯点亮)</td><td>故障信息保存上报</td></tr>
<tr><td rowspan="2">诊断就绪状态</td><td rowspan="2">诊断就绪状态未完成项目</td><td>□无　□有</td></tr>
<tr><td>如有填写以下项目：
□催化器　□氧传感器　□氧传感器加热器
□废气再循环(EGR)/可变气门VVT</td></tr>
<tr><td>其他信息</td><td colspan="2">MIL灯点亮后行驶里程(km)：</td></tr>
<tr><td rowspan="4">检测结果</td><td colspan="2">□合格　□不合格　□按照GB 18285中表G.4报告，判定车辆通过</td></tr>
<tr><td rowspan="2">是否需要复检</td><td>□否</td></tr>
<tr><td>□是　复检内容：</td></tr>
<tr><td>复检结果</td><td>□合格　□不合格</td></tr>
</table>

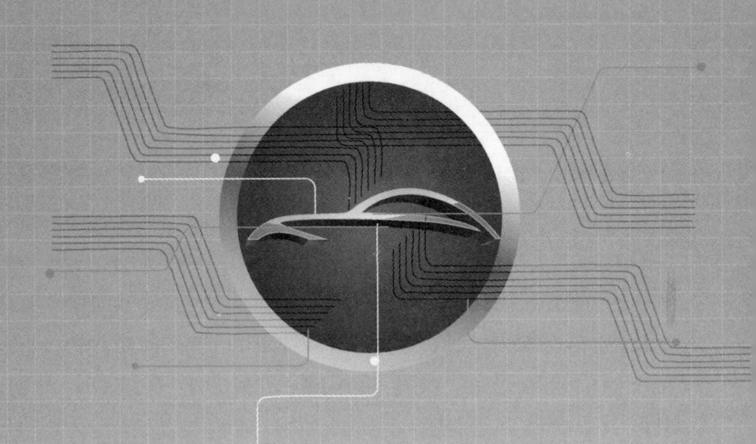

第四章 柴油车排气烟度检验方法

第一节 自由加速排气烟度检验方法

柴油车无负载检测是指自由加速法检测，是我国当前对柴油车烟度的主要检测手段，该方法具有检测操作简便易行、仪器便于携带等优点，广泛应用于柴油车的年检和抽检。

自由加速工况是指在发动机怠速下，迅速但不猛烈地踏下油门踏板，使喷油泵供给最大油量。在发动机达到调速器允许的最大转速前，保持此位置。一旦达到额定转速，立即松开油门踏板，使发动机恢复至怠速。

1. 实验条件

① 试验应针对整车进行。

② 试验前车辆发动机不应停机或长时间怠速运转。

③ 不透光烟度计及其安装应符合 GB 3847—2018 中附录 C 的要求。

④ 试验应采用符合国家标准的车用燃料，可以直接使用车辆油箱中的燃料进行测试。

2. 车辆准备

① 车辆在不进行预处理的情况下也可以进行自由加速烟度试验。但出于安全考虑，试验前应确保发动机处于热状态，并且机械状态良好。

② 发动机应充分预热，例如在发动机机油标尺孔位置测得的机油温度至少为 80℃。如果由于车辆结构限制无法进行温度测量时，可以通过其他方法判断发动机是否处于正常运转温度范围内。

③ 在正式进行排放测量前，应采用三次自由加速过程或其他等效方法吹拂排气系统，以清扫排气系统中的残留污染物。

3. 试验方法

① 通过目测进行车辆排气系统相关部件泄漏检查。排气取样探头插入汽车排气管中至少 400mm，如不能保证此插入深度，应使用延长管。

② 在每个自由加速循环的开始点发动机（包括废气涡轮增压发动机）均处于怠速状态，对重型车用发动机，将油门踏板放开后至少等待 10s。

③ 在进行自由加速测量时，必须在 1s 的时间内，将油门踏板连续完全踩到底，使供油系统在最短时间内达到最大供油量。

④ 对每个自由加速测量，在松开油门踏板前，发动机必须达到额定转速。在测量过程中应监测发动机转速是否符合试验要求（特殊无法测得发动机转速的车辆除外），同时将发动机转速数据实时记录并上报。

⑤ 检测时应重复进行三次自由加速过程，烟度计应记录每次自由加速过程的最大值，应将上述三次自由加速烟度最大值的算术平均值作为测量结果。

双怠速法与自由加速法共有的、突出的弊端是检测时车辆无载荷，检测结果不能反映车辆行驶时的排放状况。随着社会对汽车环保要求的提高，以往的在用车排放检测方法已暴露出一些问题。实验室大量试验表明，检测中对“将油门踏板迅速踏到底”速度与力度的操作不同，“维持 4s 后松开”中时间长短的掌握，使得测量的不确定性较大，重复性差，也易留下作弊机会。有时会出现冒黑烟和抽气泵抽气的时间不同步的现象，这时测不到最大烟度值。自由加速不带负荷，与汽车真实行驶工况相差很大，正因如此，许多烟度排放严重的柴油车用自由加速法检测却仍然达标。

第二节　加载减速排气烟度检验方法

一、加载减速法

柴油车有负载检测方法为加载减速工况法，该方法来自中国香港环保署于 2000 年 6 月颁布的柴油车加载减速排放限值和测量方法。该方法能够将烟度排放严重的柴油车检测出来，有效地克服了自由加速法的弊端。使用底盘测功机对汽车施加阻力，以此模拟车辆在道路上行驶的阻力，扫描该车的最大轮边功率，当得出最大轮边功率后方可开始加载减速烟度检测。分别在 100%VelMaxHP 点、90%VelMaxHP 点、80%VelMaxHP 点上采用分流式不透光度计测量其光吸收系数。目前，我国按照最新国家标准 GB 3847—2018 执行，方法略有不同，具体步骤按照以下执行。

1. 车辆准备

试验前应该对车辆的技术状况进行检查，以确定待检车辆是否能够进行后续的排放检测，对车辆的预检要求按照本书前面章节介绍或 GB 3847—2018 中的附录 BA。待检车辆放在底盘测功机上，按照规定的加载减速检测程序检测最大轮边功率和相对应的发动机转速及转鼓表面线速度（VelMaxHP），并检测 100%VelMaxHP 点和 80%VelMaxHP 点的排气光吸收系数 k 及 80%VelMaxHP 点的氮氧化合物。排气光吸收系数检测应采用分流式不透光烟度计。

加载减速过程中经修正的轮边功率测量结果不得低于制造厂规定的发动机额定功率的 40%，否则判定为检验结果不合格。

2. 试验方法

① 正式检测开始前，检测员应按以下步骤操作，以使控制系统能够获得自动检测所需

的初始数据。

a.启动发动机，变速器置空挡，逐渐加大油门踏板开度直到达到最大，并保持在最大开度状态，记录这时发动机的最大转速，然后松开油门踏板，使发动机回到怠速状态。

b.使用前进挡驱动被检车辆，选择合适的挡位，使油门踏板处于全开位置时，测功机指示的车速最接近70km/h，但不能超过100km/h。对装有自动变速器的车辆，应注意不要在超速挡下进行测量。

② 利用计算机对按上述步骤获得的数据自动进行分析，判断是否可以继续进行后续的检测，被判定为不适合检测的车辆不允许进行加载减速检测。

③ 在确认机动车可以进行排放检测后，将底盘测功机切换到自动检测状态。

a.加载减速测试的过程必须完全自动化，具体要求见国家标准检测软件说明。在整个检测循环中，均由计算机控制系统自动完成对测功机加载减速过程的控制。

b.自动控制系统采集两组检测状态下的检测数据，以判定受检车辆的排气光吸收系数k和NO_x是否达标，两组数据分别在100%VelMaxHP点和80%VelMaxHP点获得。

c.上述两组检测数据包括轮边功率、发动机转速、排气光吸收系数k和NO_x，必须将不同工况点的测量结果都与排放限值进行比较。若测得的排气光吸收系数k或NO_x超过了标准规定的限值，均判断该车的排放不合格。

④ 检测开始后，检测员应始终将油门踏板保持在最大开度状态，直到检测系统通知松开油门踏板为止。在试验过程中检测员应实时监控发动机冷却液温度和机油压力。一旦冷却液温度超出了规定的温度范围，或者机油压力偏低，都必须立即暂时停止检测。冷却液温度过高时，检测员应松开油门踏板，将变速器置空挡，使车轮停止运转。然后使发动机在怠速工况下运转，直到冷却液温度重新恢复到正常范围为止。

⑤ 检测过程中，检测员应时刻注意受检车辆或检测系统的工作情况。

⑥ 检测结束后，打印检测报告并存档。

二、林格曼烟气黑度法

1. 术语和定义

(1) 烟羽

从柴油车排气口排出的气流。

(2) 林格曼烟气黑度级数

评价烟羽黑度的一种数值，通过观测的烟羽黑度与林格曼烟气黑度图对比得到。

(3) 林格曼烟气黑度图

标准的林格曼烟气黑度图由14cm×21cm的不同黑度的图片组成，除全白与全黑分别代表林格曼烟气黑度0级和5级外，其余4个级别是根据黑色条格占整块面积的比例（%）来确定的，黑色条格的面积占20%为1级，占40%为2级，占60%为3级，占80%为4级。

2. 原理

把林格曼烟气黑度图放在适当的位置上，将柴油车排气的烟度与图上的黑度相比较，确定柴油车排气烟羽的黑度。

3. 仪器和设备

① 林格曼烟气黑度图。

② 计时器（秒表或手表），精度为 1s。

③ 烟气黑度图支架。

④ 风向、风速测定仪。

4. 观测位置和条件

① 应在白天进行观测，观测人员与柴油车排气口的距离应足以保证对排气情况进行清晰观察。林格曼烟气黑度图安置在固定支架上，图片面向观测人员，尽可能使图片位于观测人员至排气口端部的连线上，并使图与排气有相似的天空背景。图距观测人员应有足够的距离，以使图上的线条看起来融合在一起，从而使每个方块有均匀的黑度。

② 观测人员的视线应尽量与排气烟羽飘动的方向垂直。观察排气烟羽的仰视角不应太大，一般情况下不宜大于 45°，尽量避免在过于陡峭的角度下观察。

③ 观察排气烟羽黑度力求在比较均匀的光照下进行。如果在太阳光照射下观察，应尽量使照射光线与视线成直角，光线不应来自观测人员的前方或后方。雨雪天、雾天及风速大于 4.5m/s 时不应进行观察。

5. 观测方法

① 观测排气烟羽的部位应选择在排气黑度最大的地方。观测时，观测人员连续观测排气黑度，将排气黑度与林格曼烟气黑度图进行比较，记下排气的林格曼级数最大值作为林格曼烟气黑度值。如排气黑度处于两个林格曼级之间，可估计一个 0.5 或 0.25 林格曼级数。

② 观测排气宜在比较均匀的天空照明下进行。如在阴天的情况下观测，由于天空背景较暗，在读数时应根据经验取稍偏低的级数（减去 0.25 级或 0.5 级）。

6. 记录

① 观测人员连续观测排气烟度，将排气的黑度与林格曼烟气黑度图进行比较，记下观测过程中排气的林格曼级数最大值作为林格曼烟气黑度值。

② 采用林格曼烟气黑度测试仪观测排气烟度时，记录林格曼烟气黑度测试仪的最大读数作为林格曼烟气黑度值。

7. 林格曼烟气黑度图

标准的林格曼烟气黑度图由 5 张不同黑度的图片组成，可以通过在白色背景上确定宽度的黑色线条和间隔的矩形网格来准确印制（本书中烟度黑度图来源于标准，但是由于印刷等因素影响，不能作为检测标准比对图，在实际检测中请按照标准所列烟度黑度图执行）。每张图片中，网格所占的面积是 14cm×21cm，每个小格长 10mm，宽 10mm。每张图片上的网格由 294 个小格组成。林格曼烟气黑度是根据黑色条格占整块面积的比例（%）来确定的。

林格曼烟气黑度 0 级——全白。

林格曼烟气黑度 1 级——每个小格长、宽均为 10mm，黑色线条宽 1mm，余下 9mm×9mm 的空白（黑色条格的面积占 20%），如图 4-1 所示。

林格曼烟气黑度 2 级——每个小格长、宽均为 10mm，黑色线条宽 2.3mm，余下 7.7mm×7.7mm 的空白（黑色条格的面积占 40%），如图 4-2 所示。

林格曼烟气黑度 3 级——每个小格长、宽均为 10mm，黑色线条宽 3.7mm，余下 6.3mm×6.3mm 的空白（黑色条格的面积占 60%），如图 4-3 所示。

林格曼烟气黑度 4 级——每个小格长、宽均为 10mm，黑色线条宽 5.5mm，余下

4.5mm×4.5mm 的空白（黑色条格的面积占80%），如图 4-4 所示。

林格曼烟气黑度 5 级——全黑。

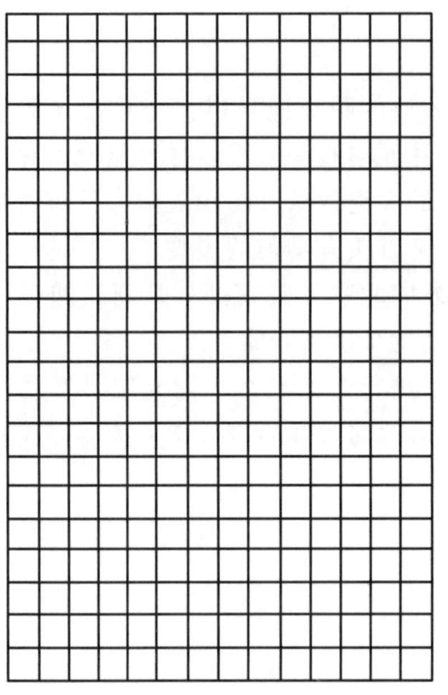

图 4-1 林格曼烟气黑度 1 级

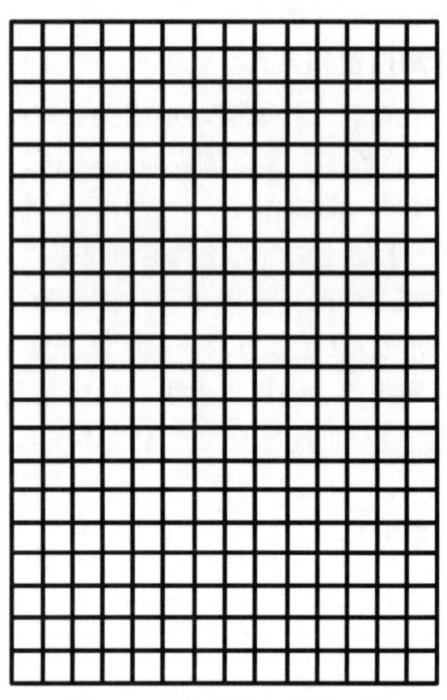

图 4-2 林格曼烟气黑度 2 级

图 4-3 林格曼烟气黑度 3 级

图 4-4 林格曼烟气黑度 4 级

第三节 道路遥测排气烟度检验方法

遥感检测技术起源于美国，1988 年美国丹佛大学应用非扩散红外线检测技术（NDIR）

开发了能同时检测 CO_2、CO、HC 的设备；之后于 20 世纪 90 年代应用非扩散紫外线检测技术（NDUV）开发了能检测 NO_x 的设备；1996 年 9 月，美国环境保护署（US EPA）发布了使用遥感监测的暂行规定，包括对遥感监测的介绍，认可了这一监测的用途，并建议用户使用这项技术；2001 年美国丹佛大学和沙漠研究所分别应用透射光不透明度技术和紫外线反射光探测技术（LIDAR）开发了能检测排气烟度的设备。1995 年新西兰首先启用用于路面检测在用汽车排放的遥感检测系统。目前已在美国、加拿大、墨西哥、日本、新加坡、澳大利亚、英国、中国等十几个国家得到了推广和应用。

一、检验方法由来及现状

1. 方法由来

目前控制机动车尾气排放污染的主要举措是机动车尾气年检和日常的路检及巡检，但实际监测过程中仍然存在很多问题。一是由于道路车流量巨大，拦车监测会造成车流行驶不通畅，车辆怠速或者低速慢行，产生更大的污染；二是《中华人民共和国道路交通安全法》实施后，交警部门在机动车路检中对尾气超标车辆不再暂扣车辆行驶证或驾驶员的驾驶证，使得路检工作较难开展；三是传统的监测方法为接触式检测，对机动车排气管采样，然后用常规仪器进行分析，费时费力、成本高、操作难度大，4 名工作人员一天只能检测 100 余辆车，由于工作效率低下，只能对其中极少部分车辆进行检测，虽然能起到部分威慑作用，但远远达不到筛选高污染车的目的。

事实上，车辆在一个年检周期后上路行驶时，由于保养维修、载重负荷、驾驶习惯等原因，其尾气排污情况会有很大变化，车主也很难关心到其车辆的尾气排放是否依旧超标，除定期检验外，管理部门也没有其他更有效的手段，这也就造成了监管空白。机动车尾气排放遥感监测技术凭借其快速、灵便和监测面广的优点越来越受到人们的关注和信赖，它主要应用在发现高排放车辆、豁免清洁车辆、地区性排放因子特征的研究和评估等方面。采用遥感测量方法对在道路上行驶的机动车进行污染物排放监测，一旦发现污染物排放严重的车辆，可以通知车主到当地机动车排放检测机构按照当地规定的检测方法进行污染物排放检测。

为深入贯彻《中华人民共和国大气污染防治法》，落实《京津冀及周边地区 2017 年大气污染防治工作方案》（环大气［2017］29 号），加快推进机动车遥感监测平台建设，强化在用机动车环境监督管理，建设“2＋26”城市机动车遥感监测网络，每个城市建设 10 台（套）左右固定垂直式机动车遥感监测设备、配备 2 台（套）左右移动式机动车遥感监测车，覆盖车辆通行的主要道口，重点筛查柴油车和高排放汽油车，实现“2＋26”城市机动车排放数据统一采集与发布，遥感监测过程中所录入的大量信息数据还能为管理层和社会提供审计、筛选、检查、城考、限行、区域排比等多方面的技术参数，可反复使用，为环境管理提供可靠依据，为应对重污染天气、强化机动车环境管理提供有效支撑，进而为建设全国机动车排放监控网奠定基础，与传统的检验方法相比具有巨大的社会效益和经济效益。

生态环境部与国家市场监督管理总局最新联合发布《柴油车污染物排放限值及测量方法（自由加速法及加载减速法）》（GB 3847—2018）国家污染物排放标准。标准中明确提出，对道路上行驶车辆的监督抽测也可按照《在用柴油车汽车排气污染物排放限值及测量方法及技术要求（遥感检测法）》（HJ 845—2017）规定的方法和限值进行，若有一次林格曼烟气黑度超过排放限值，则判定车辆排放不合格。

2. 检验现状

我国汽车尾气遥感检测自2000年左右开始。截至2018年年底，全国约有70余个城市应用尾气遥感监测设备开展道路车辆尾气检测。目前各地已建设安装500多台（套）固定式和移动式遥感检测设备，其中固定式遥感监测设备200余台（套），移动式遥感监测设备300余台（套）。京津冀地区已建设机动车遥感监测设备共计82台（套），其中北京市固定式遥感监测设备10台（套），移动式遥感监测设备22台（套）；天津市固定式遥感监测设备18台（套），移动式遥感监测设备19台（套）；河北省固定式遥感监测设备2台（套），移动式遥感监测设备11台（套）。

各地利用通过机动车遥感监测获得的数据，可以通过大数据分析，重点筛查高排放柴油车，溯源超标问题突出车辆的汽车制造企业、排放检验机构、所属运输企业、注册登记地等，为后续全链条的机动车环境监管提供支撑。根据新发布的在用柴油车排放标准和有关文件规定精神，对于通过视频抓拍等技术手段发现林格曼烟气黑度超标一次的车辆即可判定为超标；对不透光烟度在6个月内连续两次超标的柴油车，由注册登记地的市级环境保护主管部门在检测超标后5个工作日内，以信函或公告等适当方式通知车主，要求车主在15个工作日内进行维修，并到机动车排放检验机构采用加载减速法进行检验，经检验合格后方可上道路行驶；注册登记地的地市级生态环境主管部门对逾期未检验合格即上路行驶的车辆，可协调移交有关部门依法处罚。对于汽油车、燃气车以及其他类型的道路行驶车辆，可利用遥感监测设备开展高排放车辆筛查，为进一步加强环境管理提供支持。

二、道路遥测检验方法应用

目前，遥感检测技术主要应用于以下几方面。

① 审计检查：利用遥感检测技术可以经济地审查目前采取的汽车污染物排放控制措施和政策的效果，例如核查当前采用的检查维修计划（I/M制度）是否有效，检查I/M制度以外的车辆（过境车和未登记车）是否是空气污染主要来源之一，确定环境空气质量的变化与汽车排放的相关关系。

② 筛选高排放车辆：实验表明，当汽车工况已知时，遥感检测可用于判断高排放车辆。高排放车辆一般只占车辆总数的10%，排放的污染物却占到全部车辆排放污染物的80%。筛选高排放车辆并加以治理或淘汰，是防治机动车污染，改善空气质量的有效措施之一。

③ 筛选清洁车辆：筛选清洁车辆用于鼓励人们选用低排放车辆，并经常保养检修车辆，使汽车保持在良好的工作状况下。清洁车辆的车主可以主动驾车至有排气遥感检测的地方，检测通过后可免除进行例行的年检。

④ 入境检查：排气自动遥感检测设备可安置在城市道路入口处收费站，通过检测禁止高排放车辆进入城市。

⑤ 检查汽车的环保装置：遥感检测设备中具有检查汽车是否安装并使用环保装置的功能。

三、道路遥测检验方法优缺点

1. 遥感检测技术的优点

① 检测效率高。检测速度快，1h可检测上千辆车，省时省力。

② 能反映车辆的实际排放状况。可以在汽车正常行驶过程中完成检测，检测时汽车发动机的运行工况更具代表性，比传统的接触式测量方法能够更好地反映汽车排放的实际情况。

③ 避免人为造假。录入的数据信息被记录在计算机程序里，只有被授权者才能打开，数据不容易被更改；可在驾驶员不知晓的情况下完成检测，避免个别驾驶员采取某些人为手段影响检测结果。

④ 可实时监控。环保定期检测仅能保证检测时尾气排放达标，而遥感检测可达到实时监控的目的。

⑤ 对道路交通影响小。遥感检测设备安置在单行道两侧，不会妨碍道路交通。

2. 遥感检测技术的缺点

① 测量环境要求高。遥感检测是基于光吸收原理完成尾气排放测试的，其使用受气候、环境等的限制，如雨雪天、雾天、扬尘、环境温度、湿度、气压、风速等对检测数据有影响。

② 对测试工况有一定要求。车辆通过测量点的实际工况是影响遥测值的重要因素，因此标准中通常会使用 VSP（机动车比功率）限定实际工况范围。

③ 单车重复性差。受冷启动、工况、环境温度等因素影响，其排放测试结果差异大。

④ 不能测量蒸发排放 HC。

⑤ 存在无效数据。包括被测车辆牌照识别不准确、VSP 不在稳定的范围内、环境条件超出设备适用范围等。

第四节 OBD 检查方法

OBD 系统实时监测在用车影响排放性能的零部件和系统的故障，通过及时的报警和车主的维修，保证汽车在整个使用寿命中排放不超过 OBD 法规要求，确保车辆在整个生命周期内保持尽可能的清洁。

OBD Ⅱ是 On-Board Diagnostics Ⅱ（车载自诊断）的简称。车载诊断效能被集成在车载电脑（ECU）中，监控有可能影响排放性能的几乎所有部件或系统。一旦故障或失效被监测到，就会指示一个报警灯给驾驶员。这个报警典型地显示为“Check Engine”或“Service Engine Soon”，并且包括发动机符号。一切关于故障的重要信息都被储存在 OBD 系统中，以便于指导维修。概括起来 OBD Ⅱ的排放控制功效包括：OBD 系统将随时监测在用车影响排放性能的零部件和系统的故障，保证汽车在整个使用寿命中排放不超过 OBD 法规要求；OBD 系统会持续监测汽车排放控制装置的劣化过程，大幅减少由于故障造成的在用车超标排放；在检查车辆过程中利用 OBD 系统的监测信息，可以简化车检和维修的程序，从而指导故障准确维修、缩短维修时间；OBD 技术的实施可保障汽车污染控制装置的生产一致性，减小汽车零部件和系统的散差，提高零部件和系统的耐久性。

美国 EPA 在 2001 年 4 月 5 日修订了其环保法规 40CFR 中的第 51 章和第 85 章，将 OBD 系统的 I/M（检查/维护）加入法规中。要求各州从 2002 年 1 月 1 日开始，各州的 I/M 制度中加入 OBD 系统的 I/M，各州可根据各自的情况用 OBD-I/M 来部分或全部替代尾气排放测试、蒸发系统的脱附试验、加油盖的压力试验。加利福尼亚州用 OBD-I/M 来全部替代尾气排放测试等试验。

OBD 作为当前最基本、最低成本、最有效的机动车排放控制工具，能够实时监测在用车影响排放性能的零部件和排放控制系统的故障，提示车主及时维修车辆。未来主要的在用车检测方法将逐步转向 OBD 功能检查为重点。2018 年 11 月 7 日，生态环境部发布国家标准《柴油车污染物排放限值及测量方法（自由加速法及加载减速法）》（GB 3847—2018）和《汽油车污染物排放限值及测量方法（双怠速法及简易工况法）》（GB 18285—2018），标准中明确规定：新生产汽车下线检验、注册登记检验和在用汽车检验中均需要进行 OBD 检查。注册登记、在用汽车 OBD 检查自 2019 年 5 月 1 日起仅检查并报告检查结果，但不评价；自 2019 年 11 月 1 日起实施。

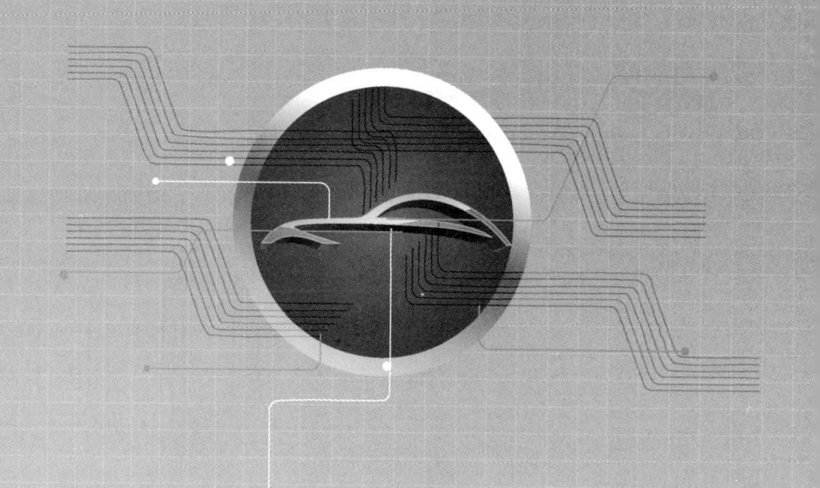

第五章 汽车排气污染物检验设备

压燃式发动机（柴油机）的燃烧过程与点燃式发动机（汽油机）有很大不同，柴油机以扩散燃烧为主，而汽油机采用预混合燃烧方式。以上原因造成了汽油机和柴油机排放特性的不同，柴油机排放产物中的HC、CO含量较低，一般为汽油机的1/10，NO_x排放量与汽油机大致处于同一数量级，但是柴油机的微粒排放量相当高，约为汽油机的30～80倍。排放特性的不同，其排放控制的检测仪器也不同。

汽车排气分析仪用来测量点燃式发动机汽车排放气体中HC、CO、CO_2、O_2和NO的摩尔分数，而不透光烟度计是用来测量压燃式发动机汽车排放可见污染物的仪器。

第一节 排放气体测试仪

排放气体分析仪采用不分光红外法测量汽车排放气体中HC、CO和CO_2的摩尔分数，采用电化学法或其他等效方法测量汽车排放气体中O_2和NO的摩尔分数。它通常包括取样探头、水分离器、过滤器、检测器、数据处理系统、显示器件和控制调节装置。气体中某一组分气体的物质的量与气体中各组分物质的量的总和之比即为气体中该组分气体的摩尔分数，其量纲为1，通常用“%”或“$\times 10^{-2}$”“$\times 10^{-6}$”表示。

一、不分光红外线分析法的检验原理

汽车排气中的CO、HC、NO和CO_2等气体，都具有能吸收一定波长范围红外线的性质，如图5-1所示。红外线被吸收的程度与排气浓度之间有一定的函数关系。不分光红外线分析法就是利用这一原理，即根据检验红外线被汽车排气吸收一定波长范围红外线后能量的变化，来检验排气中各种污染物的含量。在各种气体混合情况下，这种检验方法具有测量值不受影响的特点。

利用不分光红外线分析法制成的分析仪（或称为检测仪、测量仪），既可以制成单独检验CO或单独检验HC含量的单项分析仪，也可以制成能测量这两种气体含量的综合分析

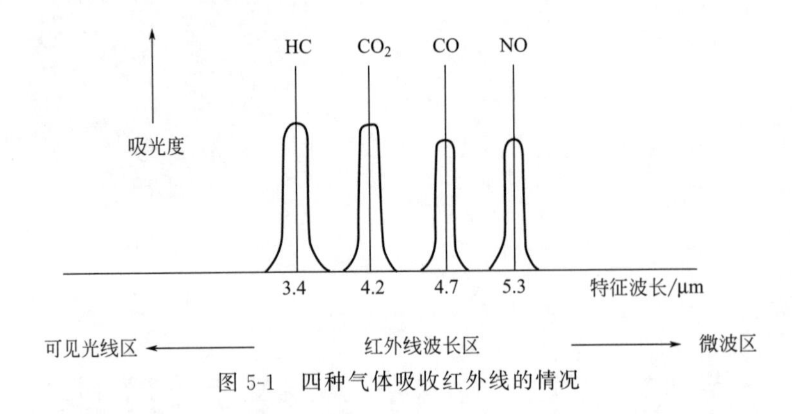

图 5-1 四种气体吸收红外线的情况

仪。无论哪种形式的分析仪，在检验 HC 含量时，由于排气中 HC 成分非常复杂，因此要把各种 HC 成分的含量换算成正己烷（n-C_6H_{14}）的含量作为 HC 含量的测量值。

二、气体分析仪

不分光红外线 CO 和 HC 气体分析仪，是一种能够从汽车排气管中采集气样，对其中 CO 和 HC 含量连续进行分析的仪器，其外形如图 5-2 所示。它由排气取样装置、排气分析装置、含量指示装置和校准装置等组成。

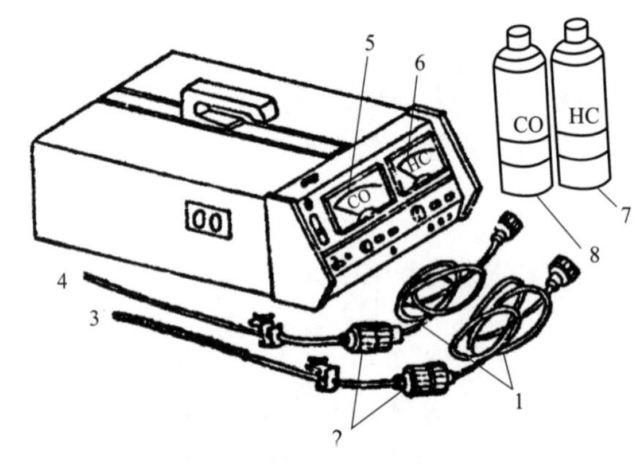

图 5-2 MEXA-324F 汽车排气分析仪

1—导管；2—滤清器；3—低浓度取样探头；4—高浓度取样探头；5—CO 指示仪表；6—HC 指示仪表；7—标准 CO 气样瓶；8—标准 HC 气样瓶

1. 排气取样装置

该装置由取样探头、滤清器、导管、水分离器和泵等组成。它通过取样探头、导管和泵从汽车排气管里采集排气，再用滤清器和水分离器把排气中的炭渣、灰尘和水分等除掉，只把排气送入分析装置。为了使取样探头具有耐热性和防止导管吸附 HC 气体，它们是用特殊材料制成的。

2. 排气分析装置

排气分析装置由红外线光源、气样室、旋转扇轮（截光器）、测量室和传感器等组成。该装置按照不分光红外线分析法，从来自取样装置的混有多种成分的排气中分析 CO 和 HC 的含量，并将含量转变成电信号输送给含量指示装置。如图 5-3 所示为电容微音器式分析装置的结构。

从两个红外线光源发出的红外线，分别通过标准气样室和测量气样室后到达测量室。在标准气样室内充有不吸收红外线的N_2，在测量气样室内充有被测量的发动机排气。测量室由两个分室组成，两者之间留有通道，并在通道上装有金属膜片电容微音器作为传感器。为了能够从排气中选择需要测量的成分，在测量室的两个分室内充入适当含量的与被测气体相同的气体，即在测量CO浓度的分析装置里的测量室内要充入CO气体，在测量HC含量的分析装置里的测量室内要充入正己烷气体。

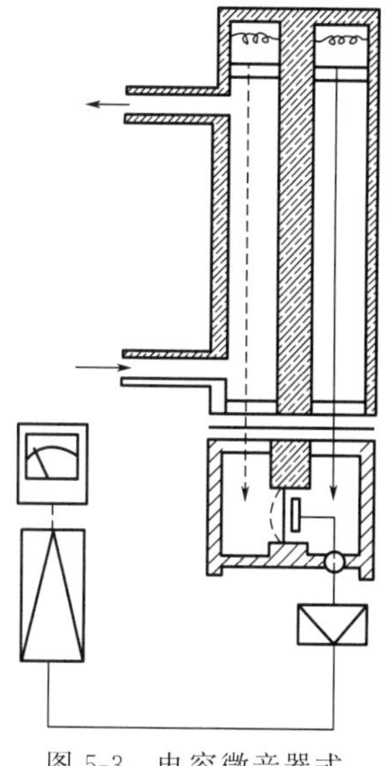

图5-3　电容微音器式分析装置的结构

旋转扇轮也称为截光器，能连续地导通、截止红外线光源，从而形成射线脉冲。当红外线通过旋转扇轮断续地到达测量室时，由于通过测量气样室被所测气体按浓度大小吸收掉一部分一定波长的红外线，而通过标准气样室的红外线完全没有被吸收，因此在测量室的两个分室内，因红外线能量的差别出现了温度差别，温度差别又导致了测量室内压力差别，致使金属膜片弯曲变形。排气中被测气体含量越大，金属膜片弯曲变形也越大。膜片弯曲变形致使电容微音器输出电压改变，该电压信号经放大器放大后送往含量指示装置。

3. 含量指示装置

CO和HC综合式气体分析仪的含量指示装置主要由CO指示装置及HC指示装置组成，有指针式仪表和数字式显示器两种类型。从排气分析装置送来的电信号，在CO指示仪表上，CO的体积分数以“%”表示；在HC指示仪表上，HC的体积分数以正己烷的“10^{-6}”表示。

指针式仪表的指示，可利用零点调整旋钮、标准调整旋钮和读数转换开关等进行控制。气体分析仪内的滤清器脏污时，对测量值有影响，因此要经常观察流量计的指示情况，发现指针进入红区应及时更换滤清器滤芯。

4. 校准装置

校准装置是一种为了保持分析仪的指示精度，使之能准确指示测量值的装置。在此装置中，往往既设有用加入标准气样进行校准的装置，也设有用机械方式简易校准的装置。

① 标准气样校准装置，是把标准气样从分析仪上单设的一个专用注入口直接送到排气分析装置，再通过比较标准气样浓度值和仪表指示值的方法来进行校准的装置。

② 简易校准装置，通常是用遮光板把排气分析装置中通过测量气样室的红外线遮挡住一部分，用减少一定量红外线能量的方法进行简单校准的装置。

三、四气体与五（六）气体分析仪

怠速工况测定CO、HC两气体的排气检验手段无法有效反映汽车排气中的NO_x和CO_2，而四气体与五气体分析仪可满足测量要求。四气体与五气体分析仪的区别在于五气体分析仪可检验氮氧化合物（NO_x）。

1. FGA-4100汽车排气分析仪

如图5-4所示，采用不分光红外吸收法原理，测量汽车排放气体中的一氧化碳（CO）、烃类化合物（HC）和二氧化碳（CO_2）的成分，用电化学电池原理测量排气中的氮氧化合物（NO_x）和氧气（O_2）的成分，并可根据测得的CO、CO_2、HC和O_2的成分计算出过量空气系数λ。

图5-4　FGA-4100汽车排气分析仪

FGA-4100汽车排气分析仪配置有感应式转速测量钳、温度传感器探头和外置微型打印机，可在检验排气的同时监测发动机的转速、润滑油的温度和打印当前检验结果。

仪器前面板布置如图5-5所示。

图5-5　仪器前面板布置

仪器后面板布置如图5-6所示。各部分的功用如下。

① 粉尘过滤器：过滤尾气中的灰尘。

② 氧传感器信号线：连接氧传感器。

③ 除水器座：安装除水器和密封圈。

④ 传感器座：安装氧传感器和NO_x传感器。

⑤ 排气口：废气和冷凝水出口。

⑥ 插塞式过滤器：过滤冷凝水中杂质。

⑦ 转速传感器座：连接转速传感器。

⑧ 油温传感器座：连接油温传感器。

⑨ 熔丝：安装熔丝。

⑩ 通信口：和计算机进行串行通信。

⑪ 电源插座：连接220V电源线。

⑫ 电源开关：开关仪器电源。

⑬ 风扇：仪器散热。

⑭ NO_x传感器信号线：连接NO_x传感器。

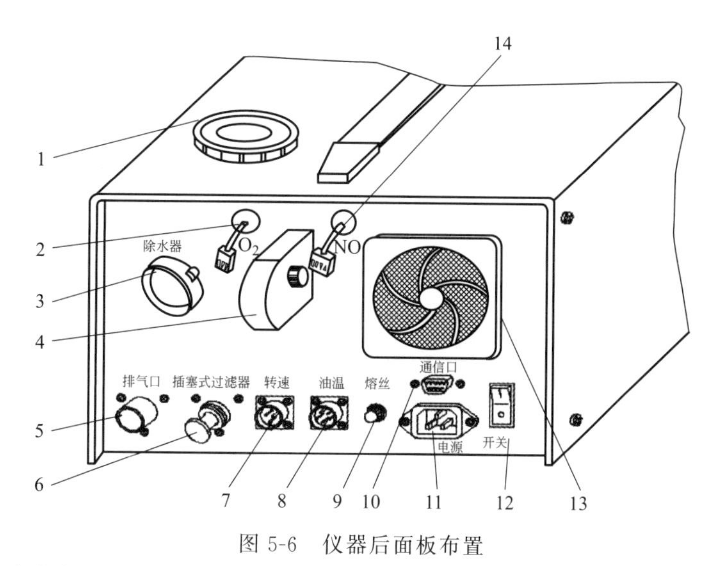

图 5-6　仪器后面板布置

1—粉尘过滤器；2—氧传感器信号线；3—除水器座；4—传感器座；5—排气口；6—插塞式过滤器；7—转速传感器座；8—油温传感器座；9—熔丝；10—通信口；11—电源插座；12—电源开关；13—风扇；14—NO_x 传感器信号线

CO、CO_2、HC 的测量采用不分光红外线法（NDIR），O_2 的测量采用电化学电池法，NO_x 的测量采用电化学法。

氧传感器，其基本形式是包括一个电解质阳极和一个空气阴极组成的金属-空气有限度渗透型电化学电池。氧传感器电流是一个电流发生器，其所产生的电流正比于氧的消耗率。此电流可通过在输出端子跨接一个电阻以产生一个电压信号。如果通入传感器的氧只是被有限度地渗透，利用上述电压信号可测氧的浓度。在汽车排气检验中应用的氧电池，使用一种塑料膜作为渗透膜，其渗透量受控于气体分子撞击膜壁上的微孔，如果气体压力增加，则分子的渗透率增加。因此，输出的结果直接正比于氧分子的分压且在整个浓度范围内呈线性响应。由氧传感器输出的信号经放大后，送至仪器的数据处理系统的 A/D 输入端，进行数字处理及显示。

NO_x 的传感器是基于氧传感器基础上发展起来的电化学电池式传感器。

2. FLA-612 汽车排气分析仪

该排气分析仪采用具有国际水平的进口红外检测器，能同时测定汽车排气中的 HC、CO、CO_2、NO、NO_2、O_2 六组分的浓度值，还可以测试汽车发动机转速、空燃比及机油温度，环境温度与湿度、大气压力，满足新国标 GB 18285—2018 的要求，用于简易瞬态工况法的排放测试。

HC、CO、CO_2 组分采用不分光红外法测量，NO、NO_2 组分采用光学方法测量来代替原来的电化学 NO_x 传感器，O_2 组分采用电化学传感器测量。

红外 NO 检测平台测试原理：采用不分光红外法（NDIR）。红外 NO 检测平台使用寿命长，可实现压力自动补偿、恒温，精度高、响应快，并包括在仪器的保修范围内。

紫外 NO_2 检测平台测试原理：采用不分光紫外法（NDIUV）。紫外 NO_2 检测平台使用寿命长，可实现压力自动补偿、恒温，精度高、响应快，并包括在仪器的保修范围内。

前面板视图如图 5-7 所示。后面板视图如图 5-8 所示。样气过滤器如图 5-9 所示。取样元件和取样管路如图 5-10 所示。

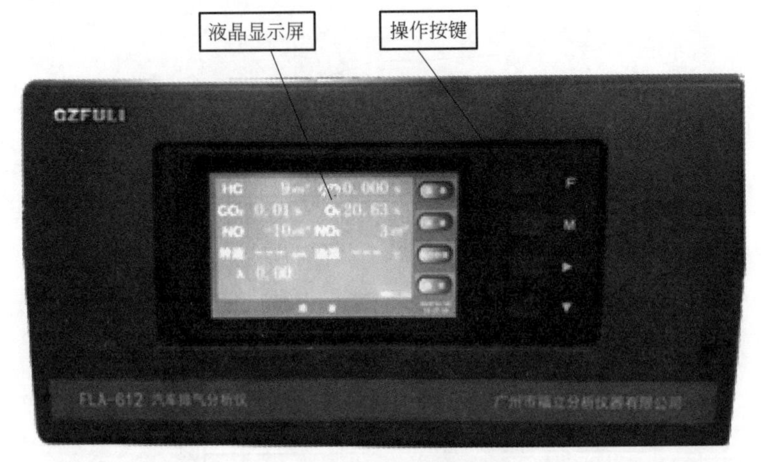

图 5-7　前面板视图

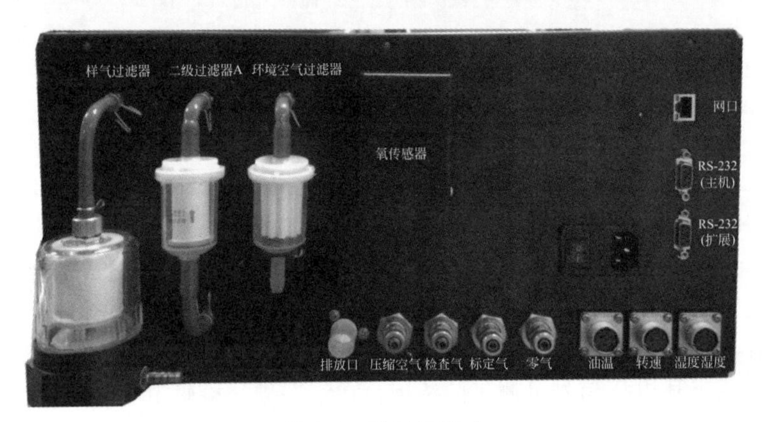

图 5-8　后面板视图

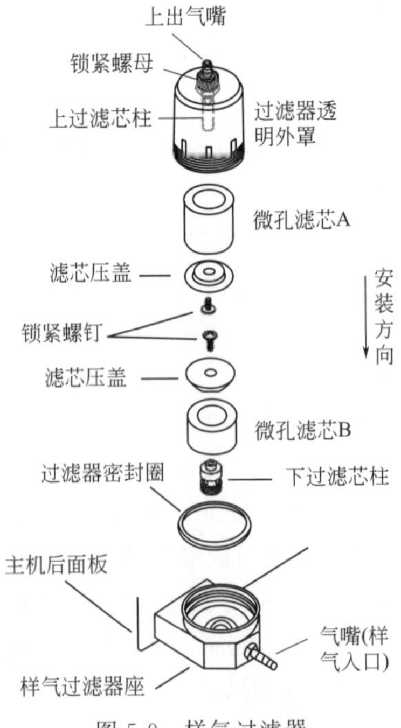

图 5-9　样气过滤器

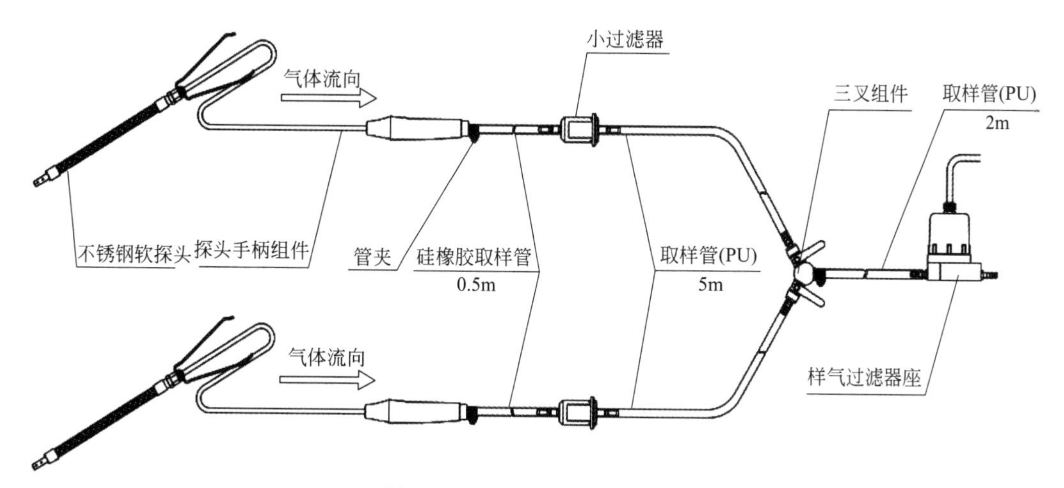

图 5-10　取样元件和取样管路

第二节　不透光烟度计

不透光烟度计是用来测量压燃式发动机或装有压燃式发动机汽车排放可见污染物的仪器。它使一定光通量的入射光透过一段特定长度的被测烟柱，用光接收器上所接收到的透射光的强弱评定排放可见污染物的程度。

一、基本检验原理

如图 5-11 所示，不透光烟度计测量单元的测量室是一根分为左右两半部分的圆管，被测排气从中间的进气口进入，分别穿过左圆管和右圆管，从左出口和右出口排出。左右两侧装有两个凸透镜，左端装有绿色发光二极管，右端装有光电转换器，发光二极管至左透镜及光电转换器至右凸透镜的光程都等于透镜的焦距。因此，发光二极管发出的光通过左凸透镜后就成为一束平行光，再通过右凸透镜后，汇聚于光电转换器上，并转换成电信号。排气中含烟越多，平行光穿过测量室时光能衰减越大，经光电转换器转换的电信号就越弱。

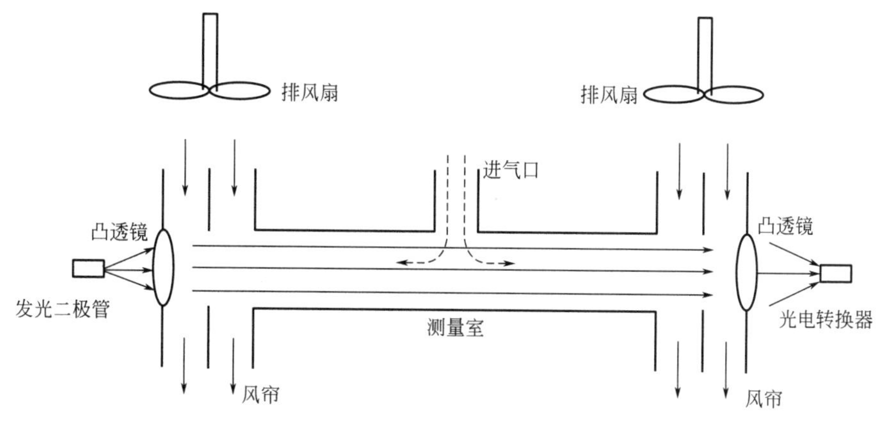

图 5-11　不透光烟度计的测量原理

排气中夹带着许多炭烟微粒，如果让排烟直接接触左右凸透镜的表面，炭烟微粒将会沉积在上面，吸收光能，从而影响测量结果。为使光学系统免遭烟的污染，仪器采用了“空气气幕”保护技术。排风扇将外界的清洁空气吹入左右凸透镜与测量室出口之间的通道，使凸透镜表面形成“风帘”，避免其沾染上炭烟微粒。

排气中含有水分，由于排气管的温度较高，刚进入仪器时，排气中的水分仍保持为气态。如果仪器测量室管壁的温度比排气温度低很多，排气中的水蒸气就要冷凝成雾，影响测量结果。为了防止冷凝的影响，测量室管壁的温度应始终保持在70℃以上，为此测量室装有加热及恒温控制装置。

二、烟度计的结构

FTY-100型不透光烟度计，如图5-12所示，主要由显示仪表和光学平台组成。其主要功能特点是：取样式（分流式）测量方式；采用“空气气幕”保护技术，使光学系统免遭排烟的污染；测量室恒温控制，防止排气中水分冷凝，影响测量结果；具有不透光度和光吸收系数两种示值。测量范围：不透光度（N）为0～99.9%；光吸收系数（k）为0～16.0m^{-1}。

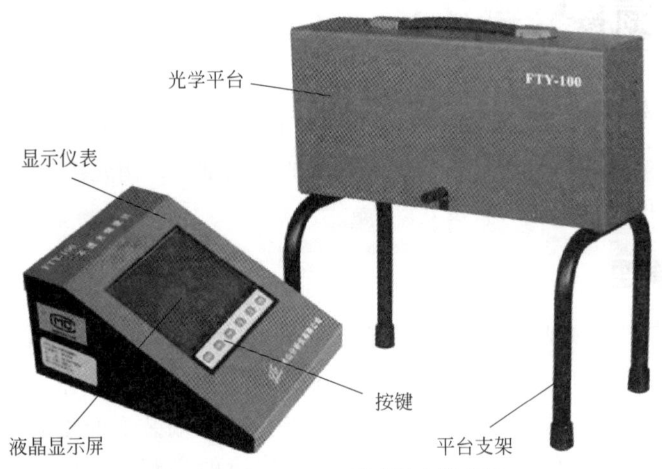

图5-12　FTY-100型不透光烟度计

显示仪表内部结构如图5-13所示，光学平台内部结构如图5-14所示。

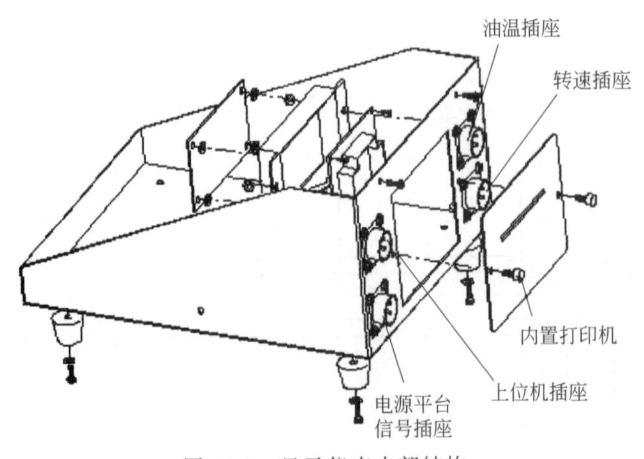

图5-13　显示仪表内部结构

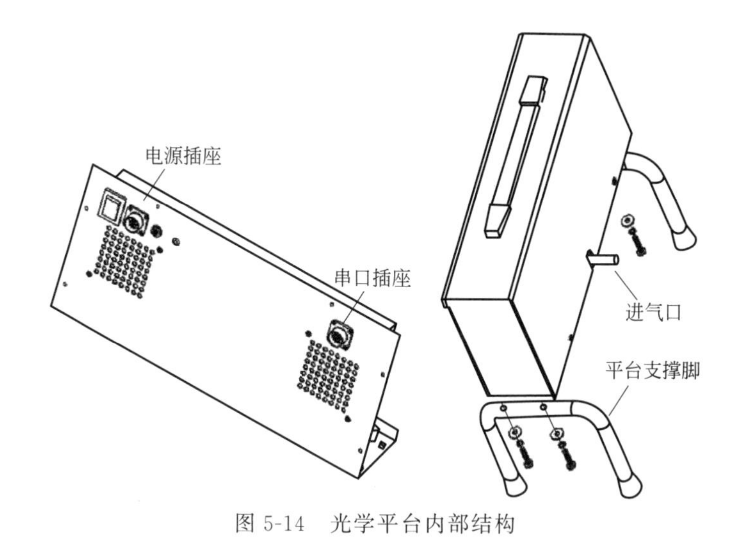

图 5-14　光学平台内部结构

第三节　氮氧化合物分析仪

氮氧化合物分析仪是用来测量压燃式发动机或装有压燃式发动机汽车排放污染物的仪器。柴油车排放中的 NO_x 包括 NO 和 NO_2，氮氧化合物分析仪可以选择使用化学发光、紫外或红外原理，不得采用化学电池原理。

一、基本检验原理

氮氧化合物分析仪检测原理也是不分光红外法（NDIR），即红外平台测取 CO_2、NO 和 NO_2，利用某些非对称气体分子，如 CO_2 分别对 4.3μm 的红外光有特定的吸收峰，而且其吸收率与气体的浓度之间的关系符合比尔-朗伯定律，测量其吸收率就可以计算出气体浓度（图 5-15）。

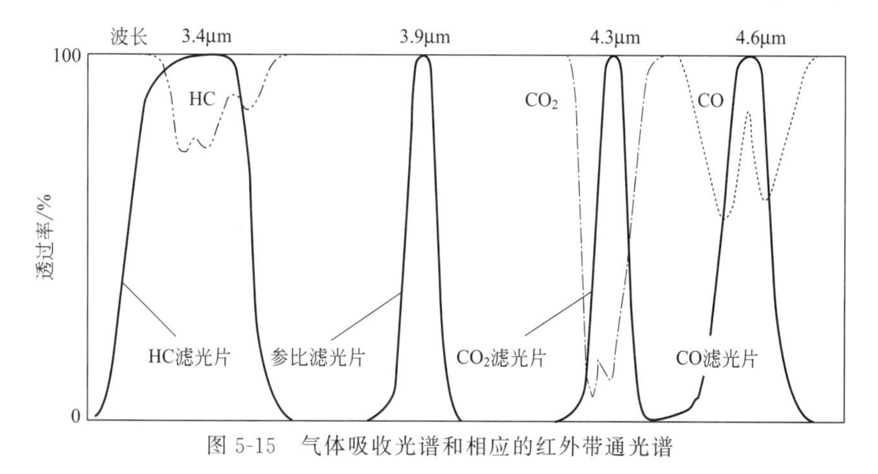

图 5-15　气体吸收光谱和相应的红外带通光谱

二、氮氧化物分析仪的结构

FLN-210 使用双平台分别对 NO_x 和 CO_2 进行检测，其中对 NO 和 NO_2 的检测采用 IRNO-200 红外 NO_x 平台（图 5-16），对 CO_2 的检测采用 IRB-2000 红外 CO_2 平台。

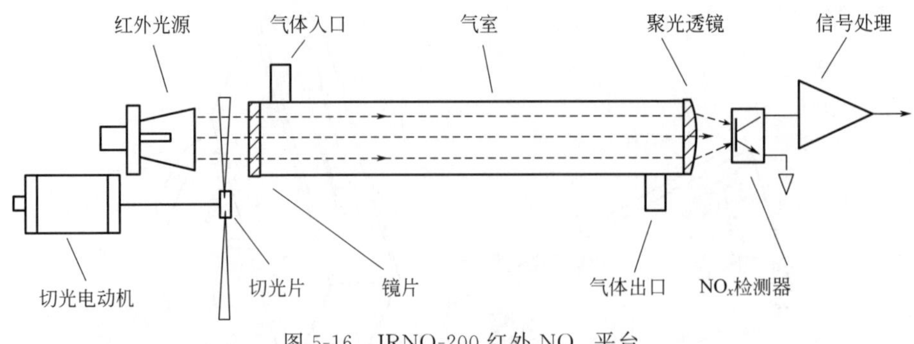

图 5-16 IRNO-200 红外 NO_x 平台

1. IRNO-200 红外 NO_x 分析平台

由切光电动机带动切光片旋转，对红外光源进行周期性地亮暗调制。NO_x 检测器采用具有高精度选择性的红外线检测元件，把充满气室的被测气体的其他成分区别开来，仅对 NO_x 组分进行检测。

该设备的主要特点是：红外光源带有反光聚焦装置，检测器前端设计有凸透镜聚光，光源较强且稳定，有效提高信噪比，克服了 NO_x 对红外光吸收较弱、检测难度大的问题。红外检测元件对 NO_x 的选择性吸收检测有效地排除了其他气体组分的干扰，从技术上排除了 H_2O、CO_2、CO、HC 等气体的影响。

2. IRB-2000 红外 CO_2 平台

IRB-2000 红外 CO_2 平台采用了脉冲单光源、单气室和 4 个单元一体化的热电堆红外检测器（内置了 HC、CO_2、CO 和参比 4 种红外滤光片）的结构设计；脉冲单光源代替了传统的切光电动机调制红外光的模式，从而没有了机械传动，平台结构更为坚固和小型化；红外检测器中增加了对 HC、CO_2、CO 均不产生红外吸收的参比滤光片和检测单元，能更有效地抑制共模信号变化，使得平台的性能更稳定（图 5-17）。前面板视图如图 5-18 所示。后面板视图如图 5-19 所示。连接取样元件和排气管如图 5-20 所示。

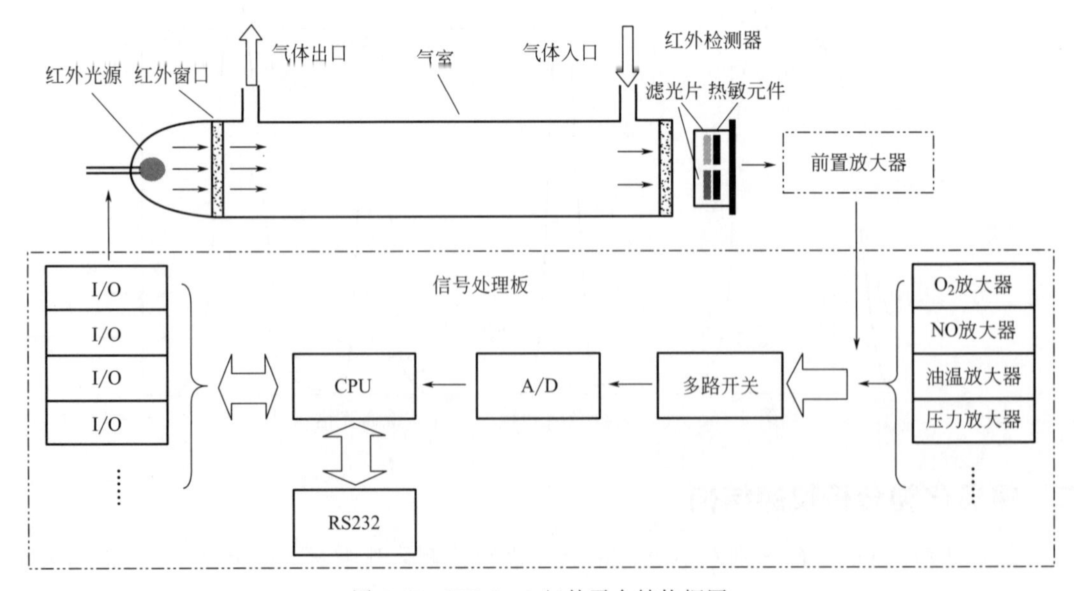

图 5-17 IRB-2000 红外平台结构框图

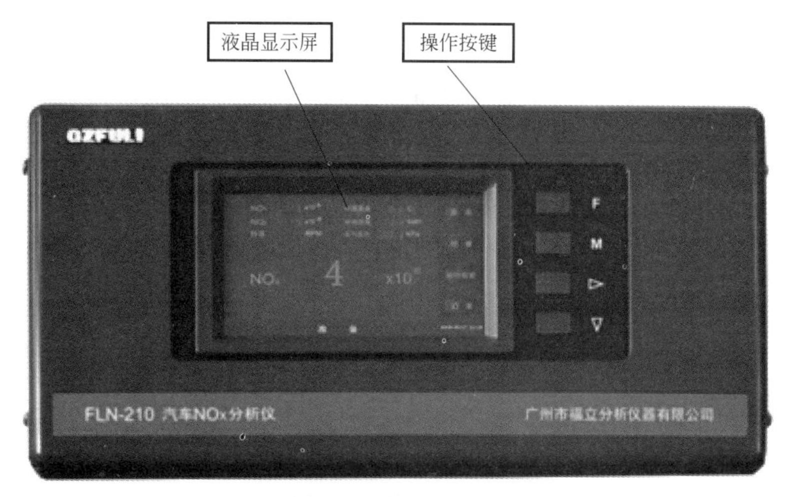

图 5-18　前面板视图

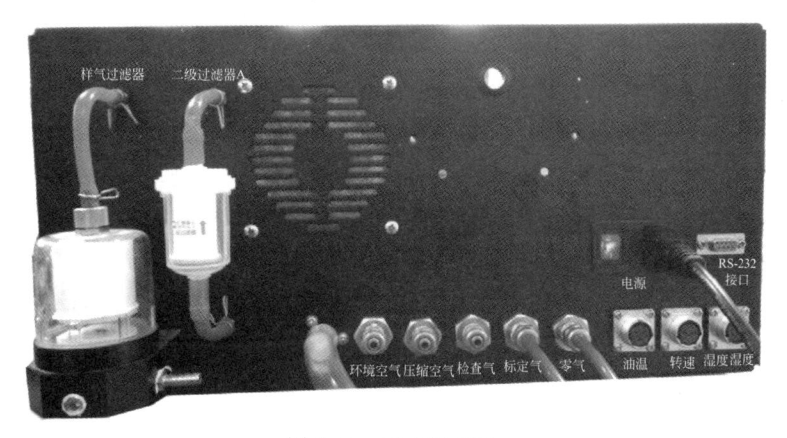

图 5-19　后面板视图

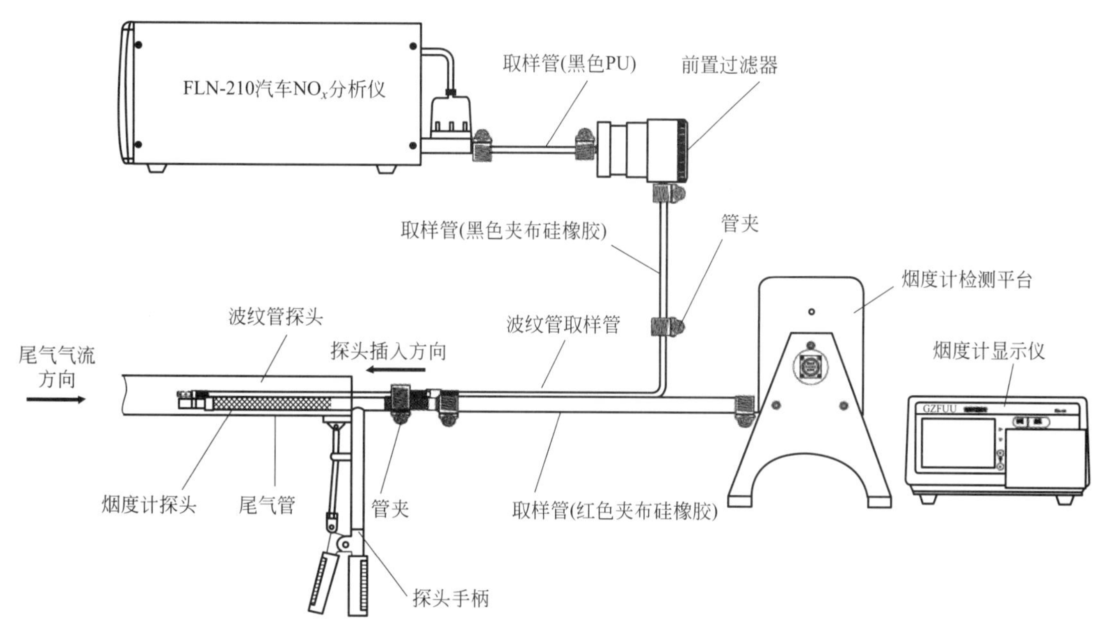

图 5-20　连接取样元件和排气管

第四节 工况法排放检测系统

根据国家标准对车辆排放检测要求不同，工况法排放检测系统所包含的设备和软件要求也有所不同，下面简要介绍汽油机三种简易工况法和柴油机加载减速法的系统组成。

一、稳态工况法检测系统组成

稳态工况法排放检测设备主要由底盘测功机、排气取样系统、排气分析仪、湿度计、温度计、气压计、计时器和自动控制系统等组成。检测设备应符合国家相关标准和计量检定规程的规定。

1. 底盘测功机

底盘测功机主要由滚筒、功率吸收单元、惯性模拟装置等组成，用来模拟车辆行驶的道路阻力。底盘测功机应有永久性固定标牌，标牌至少应包括以下内容：制造厂名、供应商名、设备生产日期、型号、序列号、测功机种类、最大允许轴重、最大吸收功率、滚筒直径、滚筒宽度、转动惯性和用电要求。用于轻型汽车测试的底盘测功机，至少应能测试最大轴重为2750kg的车辆，最大测试车速不低于60km/h。用于重型汽车测试的底盘测功机，至少应能测试最大轴重为8000kg的车辆，最大测试车速不低于60km/h。

2. 排气取样系统

排气取样系统主要由取样管、取样探头、颗粒物过滤器和水分离器等组成；排气取样系统应可靠耐用，无泄漏并且易于保养；排气取样系统在设计上应保证能够承受在进行ASM工况测试时，最长290s时间内被测试车辆排出的高温气体。直接接触排气的取样管路应采用不存留排气也不会改变被分析气体特性的材料制造，取样系统在设计上应确保至少5年之内不会被腐蚀。

3. 排气分析仪

排气分析系统应由至少能自动测量HC、CO、CO_2、NO、O_2五种气体浓度的分析仪器组成。推荐排气气体分析仪器采用下列工作原理：一氧化碳（CO）、烃类化合物（HC）和二氧化碳（CO_2）的测量采用不分光红外法（NDIR）；一氧化氮（NO）的测量优先采用红外法（IR）、紫外法（UV）或化学发光法（CLD）。对氧气（O_2）浓度的测量可以采用电化学法或其他等效方法。若采用其他等效方法测量上述气体浓度，应取得生态环境主管部门的认可。

4. 湿度计

系统应配备湿度计，相对湿度测量范围应为5%～95%，测量准确度应为±3%。湿度计须安置在能直接采集检测场内环境湿度的地方，按检测程序要求向控制计算机传输实时数据。

5. 温度计

系统应配备温度计，温度测量范围应为255～333K，测量准确度应为±0.5K。温度计须安置在能直接采集检测场内环境温度和湿度的地方，按检测程序要求向控制计算机传输实时数据。

6. 气压计

系统应配备气压计，大气压力测量范围满足当地大气压力变化需要，测量准确度应为±3%。对大气压力变化不大的地区，系统应能够允许人工输入检测地季节大气压力。

7. 计时器

计时器 10～1000s 测量准确度应为±0.1%。

8. 自动控制程序

数据采集和分析系统应完全自动化，软件应能根据车辆参数自动选择测试流程、排放限值，并自动设置受检车辆的测试负荷。应通过实时数据传输系统进入主机系统数据库得到车辆确认信息。通过车牌和车辆确认信息，应能获得足够的车辆记录信息。对主机系统未包含的车辆数据的手工输入应做明确提示，并自动增补到系统的数据库中。能够满足污染物检测前、检测过程中控制要求及监控，并具有自动设备锁止功能。

二、瞬态工况污染物检测系统组成

点燃式发动机汽车瞬态工况污染物排放测试设备包括一个至少能模拟加、减速惯量和匀速载荷的底盘测功机（电力测功机），由定容采样系统（CVS）和排气分析仪组成的排气采样及分析系统，能实时分析计算受检车辆在瞬态工况下各种排气污染物的排放量。

1. 底盘测功机

瞬态工况法使用的底盘测功机，应选用电力测功机（交流或直流），可采用下列两类方法模拟道路载荷。

① 载荷曲线固定的测功机，测功机的物理特性提供一条固定形状的载荷曲线。

② 载荷曲线可调的测功机，测功机至少有两个道路载荷参数可以调整以生成载荷曲。

测功机结构应能满足最大总质量≤3500kg 的 M 类和 N 类车辆进行瞬态排放测试。能根据测试记录的车辆参数自动选择加载功率和所需要模拟的惯量，采用电惯量模拟的测功机，应验证其与机械惯量系统的等效性。能保证在−5～45℃的环境温度下能够正常工作。

2. 定容采样系统（CVS）

应使用全流式定容取样（CVS）稀释系统，可以使用临界流量文丘里系统（CFV），或者亚音速（SSV）型式，将汽车排放的废气用环境空气连续稀释。测定排气与稀释空气混合气的总容积，同时对稀释排气中的污染物浓度进行连续分析，根据稀释排气浓度、稀释排气流量和污染物的密度，计算污染物排放量。

应使用足够的环境空气对车辆的排气进行稀释，以防止在测试过程中的任何情况下取样和测量系统中出现水冷凝，推荐文丘里流量为 9～15m^3/min。

3. 气体排放测量装置

排放分析系统应能对 HC、CO、CO_2、NO_x 几种排气污染物自动取样、积分和记录。对分析仪器的准确度、精度、漂移、抗干扰、噪声等有关特性的要求应满足规定。

三、简易瞬态工况污染物检测系统组成

简易瞬态工况污染物排放测试设备至少包括能模拟加速惯量和等速负荷的底盘测功机、五气分析仪和气体流量分析仪组成的取样分析系统、流量测量系统、发动机转速计、OBD 诊断仪、冷却装置、气象站和自动控制系统等。检测设备应符合国家相关标准和计量检定规

程的规定。

1. 底盘测功机

底盘测功机要求至少能模拟车辆在道路行驶的加速惯量，即底盘测功机通过控制功率吸收单元模拟车辆在道路上匀速行驶阻力和加速阻力，减速过程的阻力通过测功机的基本惯量进行模拟，鼓励使用能够模拟车辆行驶全惯量的底盘测功机。

2. 排气取样系统

排气取样系统主要由取样管、取样探头、颗粒物过滤器和水分离器组成，取样系统应确保可靠耐用性，无泄漏并且易于保养。取样系统在设计上应保证能够承受简易瞬态测试期间，测试车辆排气的高温。直接接触排气的取样管路应采用不残留排气、不改变被分析气体特性的材料制造，取样系统在设计上应确保至少 5 年之内不被腐蚀。

3. 气体分析仪

气体分析系统应由至少能自动测量 HC、CO、CO_2、NO_x、O_2 五种气体浓度的分析仪器组成。

4. 气体流量分析仪

气体流量分析仪由测量室、流量计、氧传感器、鼓风机、温度和压力传感器等组成。将五气分析仪采样管插入排气管中测量原始排气中各污染物浓度，将气体流量分析仪稀释软管正对排气管，并留有一定的空隙以保证稀释排气的流量达到规定值，通过气体流量分析仪的鼓风机吸入车辆排出的全部排气和部分空气对排气进行稀释得到稀释排气，利用气体流量分析仪测量得到稀释排气流量。

5. 自动测试程序

数据采集和分析系统应完全自动化，软件应能根据车辆参数自动选择测试流程和排放限值，并自动设置车辆的测试负荷。应通过实时数据传输系统进入主机系统数据库得到车辆确认信息，通过车牌和车辆确认信息，应能获得足够的车辆记录信息。对主机系统未包含的车辆数据的手工输入应做明确提示，并自动增补到系统的数据库中。

四、加载减速法检测系统组成

测试设备主要包括底盘测功机、发动机转速传感器、不透光烟度计、氮氧化合物分析仪等，由中央控制系统集中控制。

1. 底盘测功机

底盘测功机主要由滚筒、功率吸收单元（PAU）、惯量模拟装置及举升装置等组成，用来模拟车辆行驶的道路阻力。

2. 发动机转速传感器

发动机转速传感器应能实时为测功机的控制/显示单元提供发动机转速信号，其测量准确度要求为实测转速的±1%，传感器的动态响应特性应不得劣于测功机的扭矩控制动态特性。此外，还必须具有一个合适的数据通信端口，该通信端口与测功机控制系统兼容以实现数据传送。

转速传感器必须具有安装方便、不受车辆振动干扰等影响的特点。

3. 不透光烟度计

不透光烟度计应采用分流式原理，需满足以下技术要求：

① 不透光烟度计的采样频率至少为10Hz；

② 不透光烟度计须配备与测功机控制系统兼容的数据传输装置；

③ 不透光烟度计的一般技术满足设备国家标准的要求；

④ 采样系统对发动机排气系统产生的附加阻力应尽可能小；

⑤ 采样系统能够承受试验过程中可能遇到的最高排气温度和排气压力；

⑥ 具有冷却装置（气冷或水冷），以保证将所采集样气温度降到不透光烟度计能处理的温度范围内。

4. 氮氧化合物分析仪

需满足以下技术要求。

① 氮氧化合物分析仪量程和准确度需满足表5-1的要求。

② 对氮氧化合物分析仪，每年应至少检定一次，每次维修后必须先进行检定，经检定合格后方可重新投入使用。

③ 氮氧化合物分析仪应每24h进行一次量距点检查，分析仪读数与标准气的差值不应超过允许误差要求，否则分析仪自动锁止，不得用于检测。逾期不量距点检查时，分析仪也应自动锁止。

④ 单点检查不通过时，对分析仪进行调整和线性化，然后进行五点检查调整。

⑤ 对采用转化炉将NO_2转化为NO的仪器，转换效率应≥90%，对转化效率要进行定期检验。

表5-1　氮氧化合物分析仪量程和准确度要求

气体	量程	相对误差/%	绝对误差
NO	$0 \sim 4000 \times 10^{-6}$	±4	$\pm 25 \times 10^{-6}$
NO_2	$0 \sim 1000 \times 10^{-6}$	±4	$\pm 25 \times 10^{-6}$
CO_2	$0 \sim 18 \times 10^{-2}$	±5	—

注：表中所列绝对误差和相对误差，满足其中一项要求即可。

5. 控制系统

中央控制系统应能够直接控制不透光烟度计，自动完成检测过程控制，应满足以下要求：配备实时显示器，显示发动机转速和测功机的吸收功率；加载减速检测过程一般应在2min内完成，最长不能超过3min；能够随时优先支持手动控制；配有足够的通道，用于接收不透光烟度计和发动机转速传感器的信号，以及其他过程计算和显示所要求的检测过程参数；自动进行记录并输出检测数据、检测日期和车辆信息等；分级设置密码以保护控制系统参数和检测结果数据。

第五节　排气污染物道路遥测检测系统

道路遥测检测系统是对路上行驶车辆的排气污染物进行实时遥测检测、数据分析、排放达标判定、预警并将数据上传到监管平台的检测系统。

一、检验系统组成

排气污染物道路遥测检测系统能够实现对机动车尾气排放物中 CO、CO_2、HC、NO 及不透光烟度等进行实时检测，适合安装在城市各路段、关口以及高速公路，实现对布控区域的机动车排气污染物的实时监控，为改善城市环境提供有力保障。系统由尾气遥测检测设备、车牌自动识别设备、气象站设备、灯屏设备等组成。

1. 系统结构

道路遥感遥测检测系统设备均采用 TCP 连接。通过实时监测，实时抓拍通过的车辆，并且自动触发固定式机动车尾气遥测检测设备进行测量，系统获取遥测检测设备数据、气象站数据，对数据整合、评价、存储和上传，并将车牌号和检测结果发送到灯屏上显示。机动车尾气遥测检测设备与车牌自动识别设备都采用触发式，车辆通过时固定式机动车尾气遥测检测设备与车牌自动识别设备会触发，并传送采集的数据。系统再采集气象站数据，最后进行数据分析、存储、上传。网络拓扑结构如图 5-21 所示。

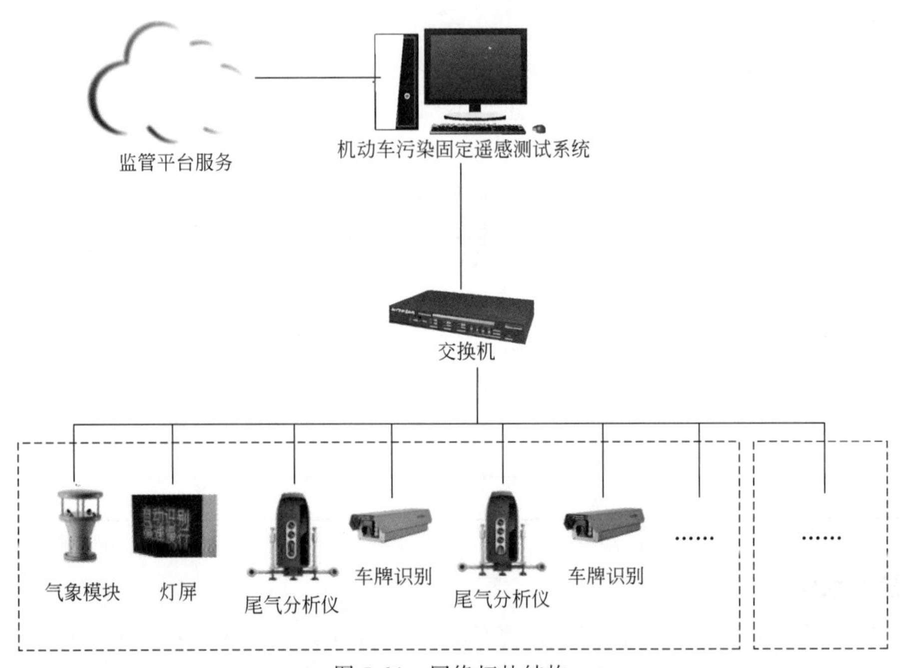

图 5-21　网络拓扑结构

2. 机动车尾气遥测检测设备

道路遥测检测设备目前主要有固定式遥测检测设备和移动式遥测检测车辆。

固定式遥测检测设备分为水平式固定尾气检测设备和垂直式固定尾气遥测检测设备。其中固定式遥测检测又包括单车道测试遥测检测和多车道龙门架式遥测检测（图 5-22）。固定式机动车尾气排放遥测检测系统适用于多点布设，长期、实时地对行驶车辆（汽油车、柴油车、天然气车）尾气排放进行监控，还可与城市机动车尾气排放年检管理系统结合，开展“黄标车”“超标车”的筛选、识别和 I/M 制度项目评估等管理。

车载式遥测检测系统可用于应急或临时性移动执法以及单车道固定执法，机动性和灵活性较强（图 5-23）。尾气排放遥测检测设备可以在道路上同时检测汽油车和柴油车，并对采

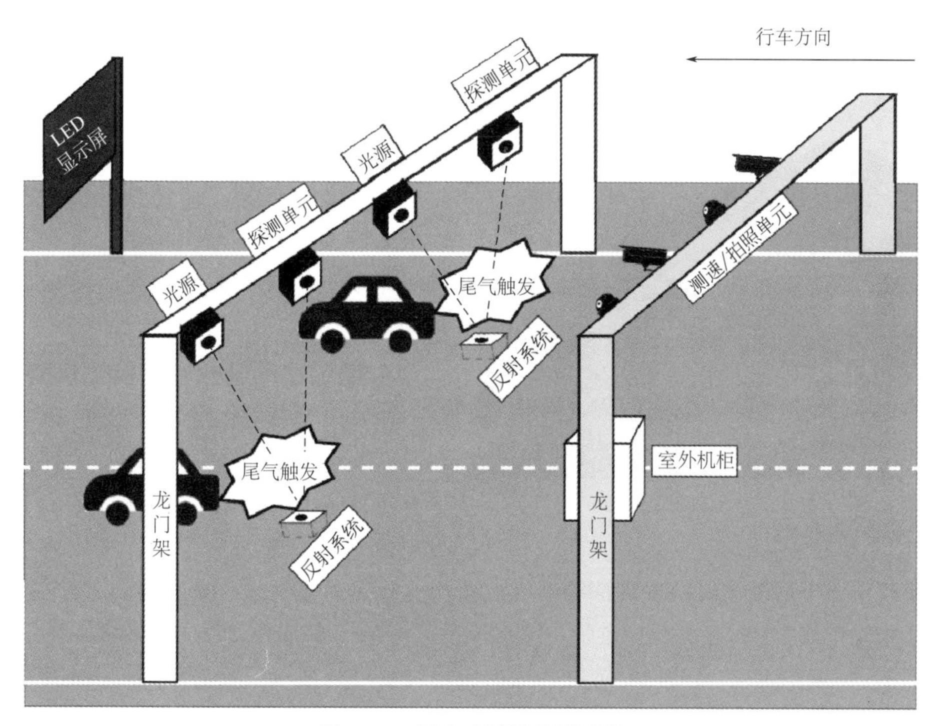

图 5-22　固定式遥测检测系统

集的数据进行分析，做出判断，鉴别出“高污染”“高排放”的车辆。尾气排放遥测检测设备还可以通过车辆触发检测设备的时间，对机动车的行驶速度和加速度进行测量，判断行驶车辆的发动机是否在正常的工作状态，从而避免因车辆没有行驶在正常状态下而产生的尾气检测误差。尾气排放遥测检测设备还配备了数码摄录像设备，可拍摄车辆前部及尾部的照片，并通过图像识别系统，将照片和该车的排放数据一一对应存储。车辆尾部的摄像机可对“冒黑烟”的机动车进行抓拍，录制其在行驶中排气管位置“冒黑烟”的图像，第一时间取得其排放超标的直观证据。

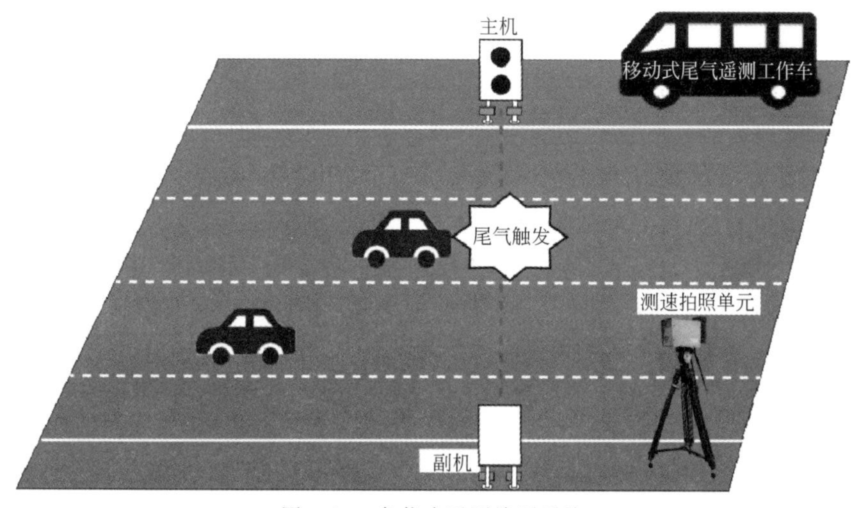

图 5-23　车载式遥测检测系统

3. 黑烟车立体监测设备

由激光发射设备、视频监控设备、地面反射装置和信号接收设备四个部分组成。通过激光扫描的方式，获取被测车辆排放的烟羽形状和烟羽不同位置的烟雾浓度，并根据监测结果实时录制视频，抓拍超标的黑烟车。同时兼容视频比对技术抓拍黑烟车；另外辅助补光系统，解决夜晚及采光不足时黑烟的抓拍问题（图 5-24）。

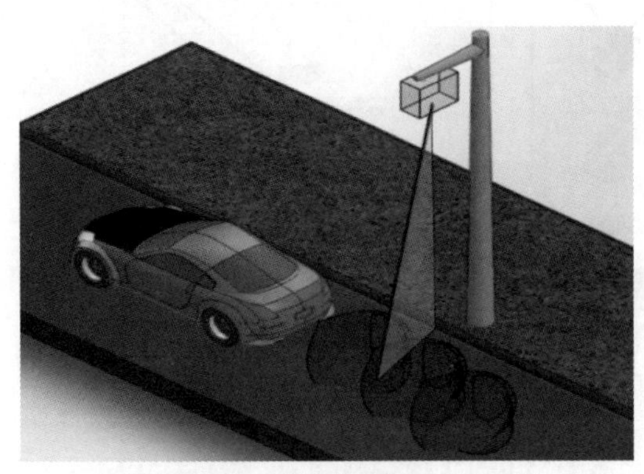

图 5-24　立体监测设备示意

4. 道路移动源颗粒物监测设备

采用β射线法颗粒监测仪，可同时监测 PM10 和 PM2.5 颗粒物浓度，工作原理脱胎于传统的重量法，仪器以一个小的 C14 元素发射恒定的高能量电子，即大家熟悉的β粒子，这些粒子被下面的高灵敏度的探测器有效监测。外部抽气泵通过滤带抽取定量空气。纸带上附着有大气中的尘埃，β射线穿过带尘的滤纸后，导致β射线粒子信号的衰减。此衰减程度用于确定纸带上粒子的物质的质量浓度，进而可以确定环境空气中粒子物质的体积浓度。

5. 速度加速度检测仪

机动车排放的尾气成分和浓度与其行驶速度的快慢、是加速行驶还是减速行驶都有着直接的联系。比如柴油车在加速、爬坡或是高负荷情况下行驶时，冒出的黑烟浓度明显增大，其尾气的成分和浓度肯定也会有所变化。所以作为尾气测量浓度的补充，对机动车行驶速度和加速度的测量十分必要。速度和加速度主要采用激光法测量，利用两点测量时间法来计算过往车辆速度及加速度信息。

6. 高清摄像头

当车辆行驶过监测设备时，高清摄像头对过往车辆车牌图像进行抓拍，得到车辆牌照信息，包括车牌颜色和车牌号码。

7. 气象参数监测仪

气象参数监测仪用于实时在线监测风向、风速、温度、湿度和大气压，用于污染物浓度数据的统计和分析。仪器采用超声波测量原理，无任何移动部件，是一款智能化传感器。

8. 扩展电子卡读取设备

汽车“电子身份证”芯片采用超高频电子标签（UHF GEN2），工作频率为 860～960MHz，符合 EPC CLASS1 GEN2、ISO 18000-6C 标准，工作温度为－30～80℃，存储容量为 512bits。UHF 电子标签具有识别距离远、识读率高、防冲突能力强、可扩展性好等特点，读卡距离达 3～10m，每秒可读 100 张卡。

汽车“电子身份证”采用贴标的方式，贴于汽车前挡风玻璃上规定位置，方便识别、定位及读取信息。

二、基本检验原理

机动车尾气排放遥测检测是一种实验室光谱分析技术，其主要的工作原理是通过遥测检测设备的光源发生器向道路对面的光学反光镜发送紫外光和红外光（或激光），光学反射镜会将其反射到检测器中。道路上行驶的车辆通过这些光束时，车辆排出的尾气会对紫外光和红外光（或激光）同时产生吸收，改变投射光的强度，从而通过对检测器中光强的变化进行检测，使用红外光（或激光）对道路行驶的机动车排放的 CO、CO_2 和 HC 进行测量，使用紫外光对道路行驶的机动车排放的 NO_x 进行测量（图 5-25）。车辆的行驶速度和加速度则使用另外一束单独激光测量。

图 5-25　遥测检测系统示意

汽车尾气从排气管中高压喷出后，立即被环境空气流所稀释，浓度发生较大变化，空气扰动和风向、风速等因素会影响机动车尾气的稀释浓度。因此，通过直接测量排气烟羽中的各污染物浓度的方式并不能有效地反映车辆的实际排放状况。虽然排放污染物中的浓度发生了较大变化，但其成分的比例变化不大。事实上，机动车尾气排放遥测检测是使用 CO_2 作为参比气体进行各种排气污染物的测量，既将 CO_2 作为参比气体分别用 Q_{CO}、Q_{HC}、Q_{NO} 表示 CO、HC、NO 对 CO_2 浓度的比率，即 $Q_{CO}=CO/CO_2$、$Q_{HC}=HC/CO_2$、$Q_{NO}=NO/CO_2$。当汽车穿过激光束时，检测仪在不到 1s 的时间内对其排放的尾气即时进行数十次不间断检测，尾气浓度从高到低依次稀释，分析仪器随即将测得的 CO、HC、NO 浓度作图，并检查其线性度，由此测出 Q_{CO}、Q_{HC}、Q_{NO}。实际监测过程中，遥测检测仪在汽车经过前的极短时间内，对环境空气中的 CO、HC、NO 背景值进行监测，随后在对汽车排放的烟羽监测时自动扣除背景值，再由发动机的化学计量空燃比燃烧所推导的理论关系式，计算其所排放的各种气体的绝对浓度。所以，在化学计量空燃比燃烧状态下行驶的车辆其遥测值比较准确，遥测的成功率也比较高。光谱分析技术原理如图 5-26 所示，遥感遥测系统测量技术指标和技术参数见表 5-2 及表 5-3。

表 5-2　遥测检测系统测量技术指标

测量项目	测量范围	测量精度
一氧化碳(CO)	0～10%	读数的±10%或浓度值±0.25%，取较大值
二氧化碳(CO_2)	0～16%	读数±10%或浓度值±0.25%，取较大值
烃类化合物(HC)	$0\sim10000\times10^{-6}$	读数±15%或浓度值±250×10^{-6}，取较大值
氮氧化合物(NO_x)	$0\sim10000\times10^{-6}$	读数±10%或浓度值±250×10^{-6}，取较大值
不透光度	0～100	读数±10%或烟度值的±3%，取较大值
烟度因子(SF)	0～50	读数±5%或数值的±3%，取较大值
氨气(NH_3)	$0\sim10000\times10^{-6}$	读数±10%或浓度值±250×10^{-6}，取较大值

表 5-3 遥测检测系统技术参数

系统主机技术参数	
路段覆盖范围	4～22m
尾气捕获率	≥95%（车辆处于加速状态）
系统处理周期	<0.7s
网络类型	无线 WIFI
耗电量	180W
电源电压	DC 48V/AC 110～220V，50～60Hz
操作软件	多语言图像用户接口(GUI)，中/英文操作
校准	内置气室校准系统，自动定时校准
速度/加速度系统参数	
车速范围	2～400km/h
测速精度	−1～0km/h
反应时间	≤25ms
加速度检测误差	$<0.2m/s^2$
通信接口	RS485 或 RJ45 10M/100M 自适应以太网口
限行筛选系统参数	
车速范围	0～120km/h
车牌图像捕获率	≥98%
车牌识别率	≥80%
电源	DC 24V[(1±5)%]
测量周期	≤0.8s
牌照识别	在线全自动识别
视频格式	以压缩 JPEG 格式存储记录视频图像，白天为彩色视频图像，夜晚为黑白视频图像
数据传输	现场采用无线局域网连接，数据可通过 3G 网络向中心服务器传输筛选结果
软件语言	中文
软件操作系统	与中文 Windows 操作系统兼容
环境参数	
温度	−10～50℃
湿度	0～90%（无凝结水）
风速	0～10m/s（非持续）

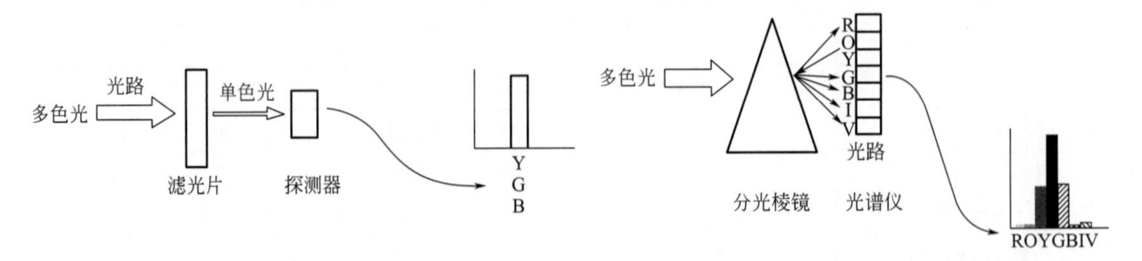

(a) 非分散红外(NDIR)——CO、HC、CO_2 (b) 色散紫外新(DUV)——NO、NO_2、NH_3、烟度

图 5-26 光谱分析技术原理

第六节　OBD 检查系统

OBD 诊断仪作为与车辆 OBD 系统进行通信、获取并显示数据和信息所必要的工具，必须满足 ISO 15031-4 和 SAE J1978 中规定的相关功能性技术要求。

1. 基本功能

（1）通信

至少应支持 ISO 9141-2、SAE J1850、ISO 14230-4、ISO 15765-4、ISO 27145 等通信协议。

能够与车辆 OBD 系统建立通信，提供 OBD 系统诊断服务用的通信连接接口，与车辆通信的接口应满足 ISO 15031-3 和 SAE J1962 的规定。

（2）信息

OBD 诊断仪的信息结构应符合 ISO 15031-5 中的信息结构和 ISO 15031-6 诊断故障码要求。

诊断仪能连续获得、转换和显示与车辆排放相关的 OBD 故障码，应按照 ISO 15031-6 中的描述显示故障码及故障信息。

诊断仪能够获取并显示 SAE J1979 规定的各部件/系统的准备就绪状态信息，对诊断项目完成情况按如下方式描述：支持的诊断项目完成情况应描述为完成或未完成，不支持的诊断项目完成情况应描述为不适用。

诊断仪能获取并显示当前数据流信息。

（3）获取

① 能获取故障指示器状态。

② 能获取并显示产生故障存储的冻结帧数据。

③ 能获取车辆基本信息，包括车辆 VIN、CALID、CVN（如果适用）等。FA. 2. 10 根据 ISO 15031-5 的要求，获取并显示 OBD 系统与排放有关的测试参数和结果。

（4）帮助

提供用户手册和（或）帮助工具。

2. 扩展及升级

OBD 诊断仪应适用于满足 GB 18352. 3、GB 18352. 5、GB 18352. 6 标准各类轻型汽车，不易损坏，并确保使用者获得正确的 OBD 系统信息。

OBD 诊断仪可具备更多的功能，但 OBD 诊断仪的设计者应确保这些增加的功能不影响该仪器的其他功能及与此仪器连接的车辆功能。

OBD 诊断仪制造企业应及时跟踪产品的使用情况，应及时解决在使用中遇到的问题和排放法规的修订，及时进行 OBD 诊断仪的升级。

3. 其他功能

（1）快速检查功能

将 OBD 诊断仪接口与车辆访问接口连接，开启 OBD 诊断仪后，OBD 诊断仪将自动尝试进行通信，自动读取故障码信息、故障指示器状态、诊断就绪状态、MIL 灯点亮后行驶里程，并输出上述结果，应在 60s 的时间内完成上述过程。

（2）自动数据传输功能

具有自动传输数据的功能，所传输的数据包括但不限于：受检车辆信息（包括车牌号码、车辆 VIN 码、CALID、CVN 等）、与排放相关的故障码、各零部件诊断就绪状态、各零部件或系统的 IUPR 分子和分母数据、MIL 灯点亮后行驶里程、故障指示器状态、故障发生时存储的冻结帧数据、排放检测过程中的相关数据流等，应在 60s 的时间内完成数据传输。

数据应自动传输给本地排放检测主控计算机和生态环境主管部门。

OBD 诊断仪应在排放试验结束后自动传输故障诊断结果，包括故障码、冻结帧数据、故障后的行驶里程等。数据传输过程和结束后，都应进行提示。

（3）不得具有清除代码功能

用于环保检查的诊断仪不可具有清除 OBD 相关故障码、冻结祯数据以及发生 MIL 灯点亮后的行驶里程等相关数据。

（4）自动打印功能

根据需要，OBD 诊断仪可配置便携式打印机，直接打印出 OBD 检查结果。

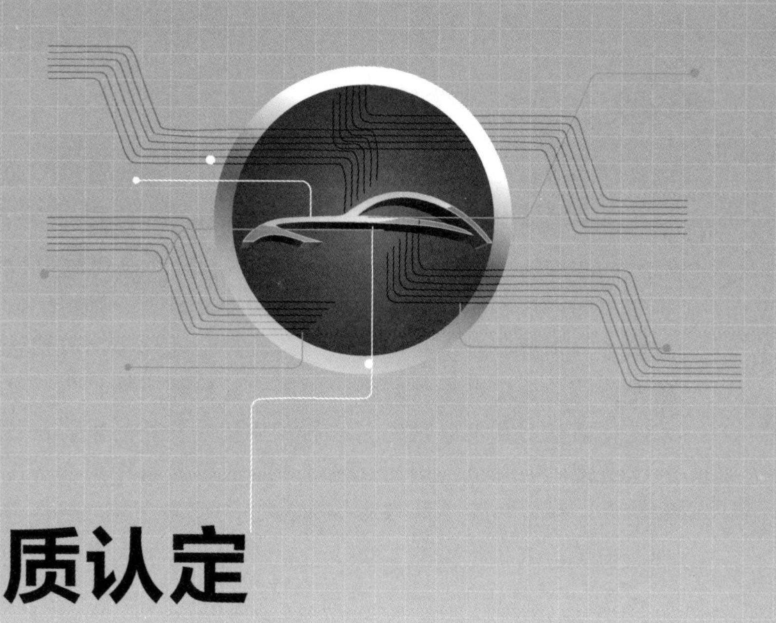

第六章 检验机构资质认定

为了确保机动车排放检验检测机构能够出具真实、客观、准确的数据、结果等，公正科学地开展工作，国家有关标准在机构、人员、场所环境、设备设施、管理体系等方面明确了要求。国家认证认可监督管理委员会和省级市场监督管理局依据有关法律法规和标准、技术规范的规定，对检验检测机构的基本条件和技术能力是否符合法定要求实施评价许可。

第一节 机构

机动车排放检验机构是根据《中华人民共和国大气污染防治法》的规定，按照环境保护主管部门制定的标准和规范，对机动车进行排放检验，并向社会出具公正数据的检验机构。

一、法律地位

检验检测机构应是依法成立并能够承担相应法律责任的法人或者其他组织。检验检测机构或者其所在的组织应有明确的法律地位，检验检测机构作为检验检测活动的第一责任人，应对其出具的检验检测数据和结果负责，并承担相应法律责任。不具备独立法人资格的检验检测机构应经所在法人单位授权。机动车检验机构及其负责人对检验数据的真实性和准确性负责。因检验检测机构自身原因导致检验检测数据、结果出现错误、不准确或者其他后果的，应当承担相应解释、召回报告或证书的后果，并承担赔偿责任。涉及违反相关法律法规规定的，需承担相应的法律责任。

二、组织体系

检验检测机构应明确其组织结构、管理、技术运作和支持服务之间的关系。

① 检验检测机构应明确其内部组织构成，并通过组织结构图来表述。非独立法人的检验检测机构，应明确其与所属法人以及所属法人的其他组成部门的相互关系。检验检测机构配备检验检测活动所需的资源，包括设施、设备、系统及支持服务。

② 管理指质量管理，是指检验检测机构进行检验检测时，与工作质量有关的相互协调

的活动。质量管理通常包括制定质量方针、质量目标、质量策划、质量控制、质量保证和质量改进等，质量管理可保证技术管理，规范行政管理。

③ 技术运作通过技术管理来实现。技术管理是指检验检测机构从识别客户需求开始，将客户的需求转化为过程输入，利用技术人员、环境、设施、设备、计量溯源、外部供应品和服务等资源开展检验检测活动，通过合同评审、方法选择、样品处置、结果质量控制等检验检测活动得出数据和结果，形成检验检测机构报告或证书的全流程管理。对检验检测的技术支持活动，如仪器设备、试剂和消费性材料的采购，仪器设备的检定和校准服务等也属于技术管理的一部分。例如，机动车排放检验机构采购排放分析仪、烟度计、底盘测功机等检测设备、校准标准气体及设备配件等，对其设备进行标定和校准，这一类活动都属于技术管理。检验检测机构应配备检验检测活动所需的人员、设施、设备、系统及支持服务。

④ 支持性服务通过行政管理来实施。行政管理是指检验检测机构的法律地位的维持、机构的设置、规定检验检测活动范围、人员的责任和任命、权力和相互关系、财务的支持和内外部保障、管理层保持管理体系的完整性、满足客户和相关方要求重要性进行沟通等。

技术管理是检验检测机构工作的主线，质量管理是技术管理的保证，行政管理是技术管理资源的支撑。

三、守法遵则

检验检测机构人员守法遵则包括两部分内容：一是法律层面上检验检测机构及其人员应遵守国家相关法律法规的规定；二是道德层面上检验检测机构及其人员应遵循三个原则（即客观独立、公平、诚实信用原则），两个要求（即恪守职业道德），承担社会责任。《检验检测机构诚信基本要求》（GB/T 31880）对检验检测机构提出了开展检验检测活动有关诚信的基本要求，检验检测机构应按照标准执行。

四、公正诚信

检验检测机构应建立和保持维护其公正及诚信的程序。检验检测机构及其人员应不受来自内外部的、不正当的商业、财务和其他方面的压力及影响，确保检验检测数据、结果的真实、客观、准确和可追溯。检验检测机构应建立识别出现公正性风险的长效机制。当检验检测机构识别出公正性风险时，应能证明消除或减少该风险。若检验检测机构所在的组织还从事检验检测以外的活动，应识别并采取措施避免潜在的利益冲突。检验检测机构不得使用同时在两个及以上检验检测机构从业的人员。机动车检验机构应在客户活动区域的明显位置，公示由其法定代表人或最高管理者签署的、具有法律效力的公正性承诺。

五、保密程序

检验检测机构应建立和保持保护客户秘密和所有权的程序，该程序应包括保护电子存储和传输结果信息的要求。检验检测机构及其人员应对其在检验检测活动中所知悉的国家秘密、商业秘密和技术秘密负有保密义务，并制定和实施相应的保密措施。

① 检验检测机构应当按照有关法律法规保护客户秘密和所有权，应制定有关措施，如制定保密机制、建立保密机制等，并有效实施，以保证客户的利益不被侵害。

② 检验检测机构应对进入检验检测现场、设置计算机的安全系统、传输技术信息、保存检验检测记录和形成检验检测报告或证书等环节，执行保密措施。

③ 样品、客户的图纸、技术资料属于客户的财产，检验检测机构有义务保护客户财产的所有权，必要时，检验检测机构应与客户签订协议。检验检测机构应对检验检测过程中获得或产生的信息，以及来自监管部门和投诉人的信息承担保护责任。

④ 除非法律法规有特殊要求，检验检测机构向第三方透露相关信息时，应征得客户同意。

机动车检验机构保密内容至少应包括：

① 委托方提交的文件与资料；

② 检验记录和检验报告所涉及的委托方信息；

③ 检验员在现场检验时获得的信息，包括检验的结论等；

④ 机动车检验机构从客户以外的渠道（如监管机构、投诉人）获得的有关客户的信息。

第二节　检验检测人员

一、管理程序

检验检测机构应制定人员管理程序，该管理程序应对检验检测机构人员的资格确认、任用、授权和能力保持等进行规范管理。检验检测机构应与其人员建立劳动或录用关系，对技术人员和管理人员的岗位职责、任职要求及工作关系予以明确，使其与岗位要求相匹配，并有相应权力和资源，确保管理体系建立、实施、保持和持续改进。

检验检测机构应拥有为保证管理体系的有效运行、出具正确检验检测数据及结果所需的技术人员和管理人员。技术人员和管理人员的结构及数量、受教育程度、理论基础、技术背景和经历、实际操作能力、职业素养等应满足工作类型、工作范围与工作量的需要。技术人员包括检验检测的操作人员、结果验证或核查人员。管理人员是对质量、技术负有管理职责的人员，包括最高管理者、技术负责人、质量负责人等。

二、管理层

检验检测机构管理层应对管理体系全面负责，承担领导责任和履行承诺。

检验检测机构管理层主要责任包括：

① 管理体系的建立和有效运行；

② 满足相关法律法规要求和客户要求；

③ 提升客户满意度；

④ 运用过程方法建立管理体系和分析风险、机遇，组织质量管理体系的管理评审。

检验检测机构管理层主要目标包括：

① 确保制定质量方针和质量目标；

② 确保管理体系要求融入检验检测的全过程；

③ 确保管理体系所需的资源；

④ 确保管理体系实现其预期结果。

检验检测机构管理层应识别检验检测活动的风险和机遇，配备适宜的资源，并实施相应的质量控制。具体包括：

① 对建立、实施、保持和持续改进机构管理体系全面负责；

② 制定机构的质量方针和质量目标；

③ 使员工关注客户及法规要求，提升客户满意度；

④ 创造一个良好的机构内部和谐环境，促进相互沟通以及共享资源、工作成果和所创造的价值；

⑤ 在机构内实施适宜过程，满足各方面要求，促进方针目标的实现；

⑥ 识别检验检测活动的风险和机遇，配备适宜的资源，并实施相应的质量控制；

⑦ 组织管理评审，定期评价管理体系和机构总体目标，提出变更和改进措施，确保管理体系的完整性。

三、管理者

1. 技术负责人

检验检测机构应有技术负责人全面负责技术运作。技术负责人应具有中级及以上相关专业技术职称或者同等能力，胜任所承担的工作。技术负责人可以设立一名，也可以设置多名，以覆盖检验检测机构不同的技术活动范围。对于规模较大、多领域、多场所的检验检测机构，也可以设置多名或每个专业设立一名，在一名总技术负责人的领导下，由多名技术负责人组成技术管理层负责技术工作。同等能力是指：博士研究生毕业，从事相关专业检验检测活动 1 年及以上；硕士研究生毕业，从事相关专业检验检测活动 3 年及以上；大学本科毕业，从事相关专业检验检测活动 5 年及以上；大学专科毕业，从事相关专业检验检测活动 8 年及以上。

技术负责人全面负责技术运作，如：

① 检验检测机构对标准方法的证实；

② 标准方法变更的再证实；

③ 组织检验检测机构方法的制定；

④ 非标方法的确认；

⑤ 方法偏离的批准等；

⑥ 仪器设备溯源、核查、维护管理；

⑦ 人员的培训、能力的考核与确认等。

2. 质量负责人

检验检测机构应指定质量负责人，赋予其明确的责任和权力，确保管理体系在任何时候都能得到实施和保持。质量负责人应能与检验检测机构决定政策和资源的最高管理者直接接触及沟通。建议最高管理者应在管理层任命一名人员担任质量负责人，赋予其明确的责任和权力，确保管理体系在任何时候都能有效实施和保持，同时可以与检验检测机构最高管理者（或其代理人）直接接触和沟通，掌握、了解和参与方针、政策及资源的决策。

质量负责人全面负责质量管理工作，如：

① 主持参与质量策划、质量控制、质量保证和质量改进，确保检验检测机构的管理体系建立、实施和保持；

② 掌握管理体系的业绩，提出改进需求，向最高管理者报告相关事宜；

③ 满足客户要求，确保检验检测机构客户满意度；

④ 就管理体系有关事宜对外联络，如检验检测机构资质认定、检验检测机构认可等的联络等。

3. 检验检测机构应规定技术负责人和质量负责人的职责

技术负责人在最高管理者的领导下全面负责技术运作和确保技术运作质量所需的资源，主要作用和责任：

① 考虑和控制决定检验检测工作正确性和可靠性的因素，这些因素主要是：人员、设施和环境条件、检验检测方法及方法的确认、仪器设备、测量的溯源性、抽样、检验检测物品的处置；

② 了解和掌握内部和外部客户的需求；

③ 负责合同评审；

④ 制订并组织实施测量结果质量监控计划（包括参加能力验证计划和检验检测间比对计划），并评审质量监控结果，必要时采取相应措施；

⑤ 确保检验检测机构向客户提供准确、清晰、明确、客观的检验检测数据和结论，提交质量合格（无使用风险）的检验检测报告/证书；

⑥ 识别不符合要求的检验检测工作，处理检验检测工作中出现的技术问题，组织技术性纠正和预防措施的实施。

质量负责人在最高管理者的领导下，保证管理体系得到实施和遵循，主要作用和责任：

① 协助最高管理者识别和建立管理体系，当策划和实施管理体系变更时，应协助最高管理者确保管理体系的完整性；

② 制定并组织实施管理体系文件和管理措施，保证管理体系有效运行；

③ 监督管理体系文件的执行情况，识别不符合要求的检验检测工作，并及时解决和纠正执行中出现的问题及违反文件规定的行为，按照程序规定对需要调整的体系文件进行适时修改和补充；

④ 定期和不定期对管理体系的有效性及符合性进行内部审核，保持管理体系持续有效运行；

⑤ 管理与客户的关系及处理客户投诉。

4. 指定关键管理人员的代理人

检验检测机构应指定关键管理人员的代理人，以便其因各种原因不在岗位时，有人员能够代行其有关职责和权力，以确保检验检测机构的各项工作持续正常进行。关键管理人员包括：最高管理者；技术负责人；质量负责人；岗位代理人；授权签字人；内部审核员；质量监督员；样品管理员；合同评审员；档案管理员；设备管理员；检验/检测员；内务/安全员。对于代理人必须具备同样的能力素质以及相应的资格。

四、授权签字人

授权签字人是由检验检测机构提名，经资质认定部门考核合格后，在其资质认定授权的能力范围内签发检验检测报告或证书的人员。

授权签字人基本要求：

① 熟悉检验检测机构资质认定相关法律法规的规定，熟悉《检验检测机构资质认定能力评价　检验检测机构通用要求》和《检验检测机构资质认定能力评价　机动车检验机构要

求》及相关的技术文件的要求；

② 具备从事相关专业检验检测的工作经历，掌握所承担签字领域的检验检测技术，熟悉所承担签字领域的相应标准或者技术规范；

③ 熟悉检验检测报告或证书审核签发程序，具备对检验检测结果做出评价的判断能力；

④ 检验检测机构对其签发报告或证书的职责和范围应有正式授权；

⑤ 检验检测机构授权签字人应具有中级及以上专业技术职称或者同等能力。

机动车检验机构的技术负责人和授权签字人应具备中级及以上专业技术职称，或同等能力，或机动车相关专业技师及以上技术等级，或有机动车相关专业大专及以上学历并有3年及以上机动车检验工作经历。3年及以上机动车检验工作经历包含在汽车生产企业从事检验工作经历、在汽车修理企业从事检验工作经历，或从事机动车安全技术检验、机动车排放检验、机动车综合性能检验的工作经历。

按照授权签字人的基本要求，检验检测机构授权签字人应具备：

① 要求满足相应资格的中级职称或者同等条件，同时满足特定领域的要求；

② 熟悉检测、标准、方法、程序；

③ 对检测结果做出正确的评价；

④ 了解测量结果的不确定度；

⑤ 熟悉设备维护保养、设备校准的要求，掌握设备校准状态；

⑥ 熟悉资质认定能力评价检验检测机构通用要求，以及政策的要求；

⑦ 熟悉资质认定评审条件，按照标准建设机构；

⑧ 熟悉获准资质认定机构义务；

⑨ 熟悉带认定标识检测报告或使用规定；

⑩ 在对检测结果的正确性负责的岗位上任职，并有相应的管理职权；

⑪ 机构明确授权签字人职权，对其签发的报告有最终技术审查职责，对于不符合认定要求的结果和报告具有否决权。

非授权签字人不得对外签发检验检测报告或证书。检验检测机构不得设置授权签字人的代理人员。

五、能力确认与监督

1. 能力确认

检验检测机构应对所有从事操作设备、检验检测、签发检验检测报告或证书以及提出意见和解释的人员，按其岗位任职要求，根据相应的教育、培训、经历、技能进行能力确认。上岗资格的确认应明确、清晰，如进行某一项检验检测工作、签发某范围内的检验检测报告或证书等，应由熟悉专业领域并得到检验检测机构授权的人员完成。外部的证书不能代替本机构的确认。上岗资格的确认应明确、清晰，如进行某一项检验检测工作、签发某范围内的检验检测报告或证书等，应由熟悉专业领域并得到检验检测机构授权的人员完成。

机动车安全检验机构授权上岗的人员包括技术负责人、质量负责人、授权签字人、引车员、外观检验员、登录员、设备操作员、设备维护员、网络维护员、质量监督员、资料管理员、内审员等。上岗的授权必须明确、具体，如授权进行某一项检验检测工作（包括所使用设备）、签发某范围内的结果报告等。

2. 质量监督

检验检测机构应设置覆盖其检验检测能力范围的监督员。监督员应熟悉检验检测目的、程序、方法和能够评价检验检测结果；应按计划对检验检测人员进行监督。检验检测机构可根据监督结果对人员能力进行评价并确定其培训需求，监督记录应存档，监督报告应输入管理评审。机动车安检机构的监督主要针对检验检测人员的仪器设备及工具操作能力、检验检测项目及方法选择能力、环境监控能力、期间核查能力、结果判定及评价能力五个方面以及其出具的检验检测结果的正确性、可靠性进行监督。

质量监督是为了确保满足规定的要求，对被监督主体进行连续的监视和验证并对记录进行分析。质量监督的目的是“为了确保被监督主体的状况满足规定的质量要求”。质量监督的依据是：“规定的”有关质量要求的文件，其性质是符合性。具体要求：

① 质量监督强调了对被监督主体状况监视和验证的“连续性”；

② 质量监督必须进行“记录”，并对记录进行“分析”；

③ 质量监督仅涉及“监视和验证”，考察符合性；

④ 应提出改进的建议，但是不涉及改进措施的采用和实施。

为确保满足规定的要求，对实体的状况进行连续监视和验证，并对记录进行分析。

① 由熟悉检验检测方法、程序、目的和结果评价的人员进行；

② 监督检验检测人员和培训中的人员；

③ 不单指质量监督，目的在于确保初始能力和持续能力；

④ 监督方式多种式样，既可以是观察见证，也可以是查看原始资料，还可以是查看视频资料等（事中、事后）。

监督记录信息包括时间、样品编号、检测项目、检测员、监督员、监督内容，监督方法等。

监督充分、有效的标志：

① 制订监督活动计划；

② 监督员覆盖不同专业、不同领域；

③ 监督员比例适宜；

④ 监督过程和方法确定并有相应文件；

⑤ 对被监督工作有评价；

⑥ 监督记录完整；

⑦ 监督结果作为培训需求；

⑧ 监督报告作为管理评审输入。

质量监督原则如下。

① 对检验检测人员进行监督，监督员是技术上具有权威的人员。监督员的学历、职称和工作经历应该比检验检测人员高，可以是实验室的主任、小组长等。

② 对检验检测人员进行监督实质上是对其质量活动进行监督，并且是连续的和充分的监督。所以监督员必须是在检验检测现场工作的人员，办公室或其他职能部门的人员不适宜。

③ 监督员应熟悉检验检测目的、程序、方法并能够评价检验检测结果；应按计划对检验检测人员进行监督。监督员可以根据检验检测人员的实际情况，对某些薄弱环节进行重点监督。

④ 监督员有权对检验检测人员不符合管理体系运作的质量活动进行纠正，包括暂停检验检测活动及扣发检验检测报告/证书。

⑤ 监督员可以提出改进的建议，但是不涉及改进措施的采用和实施。当监督中发现检验检测人员的不符合将导致对运作的有效性，或对检验检测结果的正确性或有效性产生怀疑时，监督员有责任和权力对检验检测人员的不符合工作提出纠正的建议。但是，因为监督员的资源有限，所以纠正措施必须由拥有资源的管理人员，如检测室主任或技术管理者，根据其建议进行制定。因此监督员必须定期提出《质量监督记录/报告》，拥有资源的管理人员必须及时审核和分析《质量监督记录/报告》，必要时采取纠正措施，这是实验室内部重要沟通机制之一。

⑥ 检验检测机构可根据监督结果对人员能力进行评价并确定其培训需求，监督记录的方式应该是多种多样的，包括纸质、照片、音视频等，监督记录应存档，监督报告应输入管理评审。

在检验检测机构中，既有内审，又有监督，两者的区别见表 6-1。

表 6-1　内审和监督的区别

不同点	内审	监督
目的	内审从改善内部管理出发，通过对发现的问题采取相应纠正措施、预防措施，推动质量改进	监督是通过对人员的监督来确保检验检测结果与评价的正确性
执行者	内审由经过专门培训、具备资格（一般认为是培训合格后获证并经过实验室授权）的内审员执行。内审只要资源允许，审核人员应独立于被审核的活动	监督一般由本部门的人员执行，实行内部监督。监督由监督员（有资格）执行，监督员不一定要经过专门的培训
程序	内审作为一项体系审核工作，已有相应的国际标准，并已转化为国家标准，形成了一套规范的做法	监督工作大多是每个检验检测机构自行做出规定
对象	内审的对象是覆盖管理体系相关的各个部门或各要素（过程）、活动、场所的运行情况	监督的对象则是检验检测人员执行的检验检测工作的全过程的能力
时机	内审是按计划进行、不连续的	监督则是连续进行的

3. 人员培训

检验检测机构应根据质量目标提出对人员教育和培训要求，并制定满足培训需求和提供培训的政策和程序。培训计划既要考虑检验检测机构当前和预期的任务需要，也要考虑检验检测人员以及其他与检验检测活动相关人员的资格、能力、经验和监督评价的结果。

培训内容至少包括：相关法律法规；《检验检测机构资质认定管理办法》；《检验检测机构资质认定能力评价　检验检测机构通用要求》及补充要求；有关标准或规范；检验检测方法原理；机动车构造；掌握检测操作技能；标准操作规程；质量管理和质量控制要求；检验检测机构安全与防护知识；设备使用维护及期间核查；计量溯源和数据处理知识等。

检验检测机构可以通过实际操作考核、检验检测机构内外部质量控制结果、内外部审核、不符合工作的识别、利益相关方的投诉、人员监督评价和管理评审等多种方式对培训活动的有效性进行评价，并持续改进培训以实现培训目标。

六、技术档案

检验检测机构应对从事抽样、操作设备、检验检测、签发检验检测报告或证书以及提出意见和解释等工作的人员相关资格、能力确认、授权、教育、培训和监督给予记录，记录包含能力要求的确定、人员选择、人员培训、人员监督、人员授权和人员能力监控。

检验检测机构首先应确定人员需求，根据需求选择人员，然后进行培训需求分析、对人员进行培训、对培训效果进行评价、对在培员工进行监督，在能力确认的基础上进行授权，授权后对人员的能力进行监控，并建立和保留所有技术人员的档案，应有相关资格、能力确认、授权、教育、培训、监督和监控记录，并包含授权和能力确认的日期。

第三节　场所环境

一、工作场所

检验检测机构应有固定的、临时的、可移动的或多个地点的场所，上述场所应满足相关法律法规、标准或技术规范的要求。检验检测机构应将其从事检验检测活动所必需的场所、环境要求制定成文件。

① 固定的场所是指不随检验检测任务而变更，且不可移动的开展检验检测活动的场所。

② 临时的场所是指检验检测机构根据现场检验检测需要，临时建立的工作场所。

③ 可移动的场所是指利用汽车、动车和轮船等装载检验检测设备设施，可在移动中实施检验检测的场所。

④ 多个地点的场所（多场所）是指检验检测机构存在两个及以上地址不同的检验检测工作场所。

⑤ 工作场所性质包括自有产权、上级配置、出资方调配或租赁等，应有相关的证明文件。

⑥ 检验检测机构应将其从事检验检测活动所必需的场所、环境要求制定成文件，并满足相关法律法规、标准或技术规范的要求。

机动车检验机构应具备开展机动车检验活动所必需的且能够独立调配使用的固定工作场所，其工作环境应保证检验结果的真实、准确。机动车检验机构应有安全保障措施和应急预案，在场区道路设置上应注明人行通道和车行道，保证人员安全。机动车排放检验机构的场所环境还应符合环境保护主管部门制定的标准和规范要求。

二、工作环境

检验检测机构应识别检验检测所需的环境条件，当环境条件对结果的质量有影响时，检验检测机构应编写必要的文件。检验检测机构应有相应的环境条件控制措施，确保环境条件不会使检验检测结果无效，或不会对检验检测质量产生不良影响。

在检验检测机构固定设施以外的场所进行检验检测时，应予以特别关注，必要时，应提出相应的控制要求并记录，以保证环境条件符合检验检测标准或者技术规范的要求。

三、环境监控

检验检测标准或者技术规范对环境条件有要求，以及检验检测机构发现环境条件影响检验结果质量时，检验检测机构应监测、控制和记录环境条件。

检验检测机构在从事检验检测前应进行环境识别，根据识别结果采取相应的措施。对诸如影响检测结果的环境予以重视，使其适应于相关的技术活动。

检验检测机构在环境条件存在影响检验检测的风险和隐患时，需停止检验检测，并经有效处置后，方可恢复检验检测活动。

机动车排放检验机构主要是针对温度、湿度、大气压力等被测车辆所处环境参数进行识别。

四、内务管理

检验检测机构应有内务管理程序，对检验检测场所的安全和环境的评价，应以检验检测标准或者技术规范提出的要求为依据。

当相邻区域的活动或工作出现不相容或相互影响时，检验检测机构应对相关区域进行有效隔离，采取措施消除影响，防止干扰或者交叉污染。

检验检测机构应对人员进入或使用对检验检测质量有影响的区域予以控制，应根据自身的特点和具体情况确定控制的范围。在确保不对检验检测质量产生不利影响的同时，还应保护客户和检验检测机构的机密及所有权，保护进入或使用相关区域的人员的安全。

第四节　设备设施

一、设施设备配备

检验检测机构应正确配备检验检测活动所需要的仪器设备设施，包括物品制备、数据处理与分析。所用仪器的技术指标和功能应满足要求，量程应与被测参数的技术指标范围相适应。用于检验检测的设备设施，包括检验检测活动所必需并影响结果的仪器、软件、消耗品、辅助设备或相应组合装置，应有利于检验检测工作的正常开展。

检验检测机构的设施包括固定和非固定设施，这些设施应满足相关标准或者技术规范的要求，避免影响检验检测结果的准确性。检验检测机构的设施条件，主要是指场地、能源、照明、采光、采暖、通风等。

检验检测机构租用仪器设备开展检验检测时，应确保：

① 租用仪器设备的管理应纳入本检验检测机构的管理体系；

② 本检验检测机构可全权支配使用，即租用的仪器设备由本检验检测机构的人员操作、维护、检定或校准，并对使用环境和储存条件进行控制；

③ 在租赁合同中明确规定租用设备的使用权；

④ 同一台设备不允许在同一时期被不同检验检测机构共同租赁和资质认定。

机动车检验机构的场地、建筑等设施应能够满足承检车型检验项目和保障安全的需要，至少应有检验车间、停车场、场区道路、业务大厅、办公区等设施，车辆底盘部件检查时应有检查地沟或者举升装置，各设施布局合理。场区道路视线良好、保持通畅，道路的转弯半径、长度应能满足承检车辆行驶的需要。应设置足够的交通标志、交通标线、引导牌、安全标志等。行车制动路试检验应有水泥或者沥青路面的试验车道，驻车制动路试检验应有驻车坡道或符合规定的路试驻车制动检验检测设备设施，试验车道和驻车坡道应正确标识并有安全防护措施要求。

从事机动车安全技术检验的检验检测设备应满足相关国家标准要求。作为评定结果，应该采用固定式检验仪器设备对机动车进行仪器设备检验，也可采用移动式检验仪器设备对车辆进行监测。机动车安全技术检验机构应对所使用的机动车安全技术检验检测设备拥有所有权。从事机动车排放检验的检验检测设备应满足 GB 18285 和 GB 3847 对相关车型检验检测设备的要求。从事汽车综合性能检验的检验检测设备应满足 GB 18565 要求。

二、设备设施维护

检验检测机构应建立相关的程序文件，描述检验检测设备和设施的安全处置、运输、存储、使用、维护等的规定，防止污染和性能退化。检验检测机构应确保设备在运输、存储和使用时，具有安全保障。检验检测机构设施应满足检验检测工作需要。

三、设备管理

检验检测机构应对检验检测结果准确性或有效性有影响或计量溯源性有要求的设备，包括用于测量环境条件等辅助测量设备有计划地实施检定或校准。设备在投入使用前，应采用核查、检定或校准等方式，以确认其是否满足检验检测的要求。所有需要检定、校准或有有效期的设备都应使用标签、编码或以其他方式标识，以便使用人员易于识别检定、校准的状态或有效期。

检验检测设备，包括硬件和软件设备，应得到保护，以避免出现致使检验检测结果失效的调整。检验检测机构的参考标准应满足溯源要求。无法溯源到国家或国际测量标准时，测量结果应溯源至 RM（参考物质）、公认的或约定的测量方法、标准，或通过比对等途径，证明其测量结果与同类检验检测机构的一致性。当测量结果溯源至公认的或约定的测量方法、标准时，检验检测机构应提供该方法、标准的来源等相关证据。参考物质（标准物质）：具有一种或多种足够均匀和很好地确定了的特性，用以校准测量装置、评价测量方法或给材料赋值的一种材料或物质。比对法包括：仪器间的比对；方法比对；标准物质验证；加标回收；单点自校；用稳定性好的样件重复核查等都是可以采用的，也可用高等级仪器设备进行核查。

当需要利用期间核查以保持设备的可信度时，应建立和保持相关的程序。针对校准结果产生的修正信息，检验检测机构应确保在其检测数据及相关记录中加以利用并备份和更新。

检验检测机构需要内部校准时，应确保：

① 设备满足计量溯源要求；

② 限于非强制检定的仪器设备；

③ 实施内部校准的人员经培训和授权；

④ 环境和设施满足校准方法要求；

⑤ 优先采用标准方法，非标方法使用前应经确认；

⑥ 进行测量不确定度评估；

⑦ 可不出具内部校准证书，但应对校准结果予以汇总；

⑧ 质量控制和监督应覆盖内部校准工作。

当仪器设备经校准给出一组修正信息时，检验检测机构应确保有关数据得到及时修正，计算机软件也应得到更新，并在检验检测工作中加以使用。

检验检测机构在设备定期检定或校准后应进行确认，确认其满足检验检测要求后方可使用。对检定或校准的结果进行确认的内容应包括：

① 检定结果是否合格，是否满足检验检测方法的要求；

② 校准获得的设备的准确度信息是否满足检验检测项目、参数的要求，是否有修正信息，仪器是否满足检验检测方法的要求；

③ 适用时，应确认设备状态标识。

需要时，检验检测机构对特定设备应编制期间核查程序，确认方法和频率。检验检测机构应根据设备的稳定性和使用情况来判断设备是否需要进行期间核查，判断依据包括但不限于：

① 设备检定或校准周期；

② 历次检定或校准结果；

③ 质量控制结果；

④ 设备使用频率；

⑤ 设备维护情况；

⑥ 设备操作人员及环境的变化；

⑦ 设备使用范围的变化。

机构按以下顺序选择仪器设备溯源途径：

① 对列入国家强制检定管理范围的，应按照规定实行强制检定，在强检目录内的不一定强制检定，需要按照计量法实施细则执行；

② 对非强制检定的仪器设备，应寻求外部校准机构提供校准服务；

③ 对非强制检定的仪器设备，检验检测机构有能力进行校准的，可进行内部校准。

机构在实施检定/校准时应对服务机构进行资格确认，内容如下：

① 提供检定服务的机构应取得法定计量检定授权；

② 选择提供校准服务的机构时，应优先选择取得法定计量检定授权的机构，不可获得时，选择通过实验室认可的校准机构；

③ 检定、校准机构提供的证书或报告应在其获得批准的能力范围内，出具的检定、校准证书有符合确定的计量规范声明，包括测量不确定度信息；

④ 测量结果能溯源到国家或国际基准。

四、设备控制

检验检测机构应建立对检验检测具有重要影响的设备及其软件的记录，并实施动态管理，及时补充相关的信息。记录至少应包括以下信息：

① 设备及其软件的识别；

② 制造商名称、型式标识、系列号或其他唯一性标识；

③ 核查设备是否符合规范；

④ 当前位置（适用时）；

⑤ 制造商的说明书（如果有），或指明其地点；

⑥ 检定、校准报告或证书的日期、结果及复印件，设备调整、验收准则和下次校准的预定日期；

⑦ 设备维护计划，以及已进行的维护记录（适用时）；

⑧ 设备的任何损坏、故障、改装或修理。

检验检测机构应指定人员操作重要的、关键的仪器设备以及技术复杂的大型仪器设备，未经指定的人员不得操作该设备。

设备使用和维护的最新版说明书（包括设备制造商提供的有关手册）应便于检验检测人员取用。用于检验检测并对结果有影响的设备及其软件，如可能，均应加以唯一性标识。

应对经检定或校准的仪器设备的检定或校准结果进行确认。只要可行，应使用标签、编码或其他标识确认其检定或校准状态。仪器设备的状态标识可分为“合格”“准用”“停用”三种，通常以“绿”“黄”“红”三种颜色表示。

1. 合格标志（绿色）

表示经校准、检定或比对合格，确认其符合检验检测技术规范规定的使用要求的。

2. 准用标志（黄色）

仪器设备存在部分缺陷，但在限定范围内可以使用的（即受限使用的），包括：多功能检测设备，某些功能丧失，但检验检测所用功能正常，且校准、检定或比对合格者；测试设备某一量程准确度不合格，但检验检测所用量程合格者；降等降级后使用的仪器设备。

3. 停用标志（红色）

仪器设备目前状态不能使用，但经校准或核查证明合格或修复后可以使用的，不是检验检测机构不需要的废品杂物。废品杂物应予清理，以保持检验检测机构的整洁。停用设备包括：仪器设备损坏者；仪器设备经校准、检定或比对不合格者；仪器设备性能暂时无法确定者；仪器设备超过周期未校准、检定或比对者；不符合检验检测技术规范规定的使用要求者。

设备脱离了检验检测机构，这类设备返回后，在使用前，检验检测机构须对其功能和检定、校准状态进行核查，得到满意结果后方可使用。设备之间的比对可以被视为期间核查的一种方法。

机动车检验机构应保证用于检验检测并对结果有影响的软件符合相关法律、法规、标准要求，并经确认，加以唯一性标识。机动车检验机构应确保用于检验检测软件的唯一性、完整性，不得擅自修改软件。不得使用未经确认的软件从事检验检测工作。机动车检验机构的检验检测软件及其记录应由专人管理，并进行定期、改变或升级后的再确认。

五、故障处理

曾经过载或处置不当、给出可疑结果，或已显示有故障、缺陷、超出规定限度的设备，均应停止使用。这些设备应予隔离以防误用，或加贴标签、标记以清晰表明该设备已停用，直至修复。修复后的设备为确保其性能和技术指标符合要求，必须经检定、校准或核查表明其能正常工作后方可投入使用。检验检测机构还应对这些因缺陷或超出规定极限而对过去进行的检验检测活动造成的影响进行追溯，发现不符合应执行不符合工作的处理程序，暂停检验检测工作、不发送相关检验检测报告或证书，或者追回之前的检验检测报告或证书。

六、标准物质

标准物质是用作参照对象的具有规定特性、足够均匀和稳定的物质，其已被证实符合测量或标称特性检查的预期用途。而附有证书的、经过溯源的标准物质称为有证标准物质。

标准物质的作用如下。

① 作为校准物质用于仪器的定度。因为化学分析仪器一般都是按相对测量方法设计的，所以在使用前或使用中必须用标准物质进行定度或制备“校准曲线”。

② 作为已知物质，用以评价测量方法。当测量工作用不同的方法和不同的仪器进行时，已知物质可以有助于对新方法和新仪器所测出的结果进行可靠程度的判断。

③ 作为控制物质，与待测物质同时进行分析。当标准物质得到的分析结果与证书给出的量值在规定限度内一致时，证明待测物质的分析结果是可信的。

检验检测机构应建立和保持标准物质的管理程序。可能时，标准物质应溯源到 SI 单位或有证标准物质。检验检测机构应对标准物质进行期间核查，同时按照程序要求，安全处置、运输、存储和使用标准物质，以防止污染或损坏，确保其完整性。

1. 标准物质/标准样品的期间核查

有证标准物质是附有认定证书的标准物质，其一种或多种特性量值用建立了溯源性的程序确定，使之可溯源至准确复现地表示该特性值的测量单位，每一种认定的特性量值都附有给定置信水平的不确定度。所有有证标准物质都需经国家计量行政主管部门批准、发布。有证标准物质在研制过程中，对材料的选择、制备、稳定性、均匀性、检测、定值、储存、包装、运输等均进行了充分的研究，为了保证标准物质量值的准确可靠，研制者一般都要选择6～8 家的机构共同为标准物质进行测量、定值。

非有证标准物质是指未经国家行政管理部门审批备案的标准物质，包括：参考（标准）物质、质控样品、校准物、自行配置的标准溶液、标准气体等。

2. 管理标准物质

（1）建立规范各类台账记录

① 机构的标准物质应建立标准物质台账并及时更新，应包括标准物质名称及编号、批号、浓度及不确定度，定值日期及有效期，定值单位，入账日期。标准物质应有标准物质证书，并可溯源到登记表上登记，管理人员确认，同时可溯源到国家基准或参考基准。

② 做好标准物质的领用记录，包括领用日期、领取数量、剩余数量、领用人、发放人。岗位人员无论何时领用标准物质，都应在标准物质发放登记表上登记，管理人员确认。

③ 标准物质溯源记录，包括适用的检测项目，标准物质状态，样品来源，能否溯源国家基准或参考基准。

④ 标准物质使用记录。岗位人员在使用标准物质时，应及时在标准物质使用记录表上登记，包括使用时间、使用人员、有效时间、样品编号。

⑤ 标准物质销毁记录。标准物质应在规定的使用期限内使用，超过期限的做废弃处理，并填写“标准物质销毁登记表”包括销毁标准物质名称、销毁数量、销毁方式、批准人。废弃处理的标准物质不得污染环境，对环境有严重危害的应采取相应安全处置方式。

⑥ 建立标准物质档案。将标准物质按检测项目分类建立档案，包括上述各类记录使用后统一归类存档。

（2）定期核查标准物质参数

核查参数包括种类、级别、介质、浓度、含量、有效期、批号、环境条件、储存方法、账物相符等。

① 定期检查机构各检测项目所对应的标准物质是否相符。对新增检测项目所对应的标

准物质应及时纳入规范管理。

② 化学分析机构常用的标准物质有国家一级标准物质和国家二级标准物质，根据检测方法或有关规定对标准准确度的要求，选择合适标准物质的级别，在满足工作的前提下，最大限度降低成本。

③ 存放环境条件和有效性。按标准物质证书上规定的环境条件和储存方法进行存放，及时检查是否过期。标准物质的储存环境应保证其特性完整不变。

④ 标准物质所用介质和浓度是否满足检测方法对介质的要求。浓度是否合适，所用的介质对分析是否有影响。

（3）期间核查

对标准物质应定期进行期间核查，首先制订期间核查计划，编写核查规程，根据其对检测结果影响的程度确定核查的频度。

① 经常使用、有效期较短、对检测结果影响较大的标准物质，核查周期缩短，如果对分析结果可疑，可追溯上次核查的数据及结论。如绘制工作标准曲线用标准物质，校核工作曲线用标准物质，对仪器进行校核和定位用标准物质。对于不常用的标准物质在使用前进行核查。

② 不常使用的标准物质可以在每次分析检测前进行核查。

③ 化学性能稳定性较好，还未开封的标准物质，原则上延长核查周期。

④ 对已开封的标准物质，包括液体、固体、气体的标准物质，根据实验室自身的条件，选择简便易行、经济合理的核查方法。

⑤ 进行机构内比对。不同制造商的同一标准物质相互比对，同一制造商的不同批号标准物质相互比对，用一级标准物质对二级标准物质进行核查。

⑥ 核查结果的判定。检测方法对标准物质的要求是否满足，质量保证的有关要求是否满足，核查方法、标准物质参数、标准物质的种类的要求是否满足。

⑦ 标准物质期间核查是有计划的质量活动，核查结果应形成核查报告，经评审提出是否继续使用和使用范围的建议，并报实验室管理层审核。

机动车检验机构对设备要做期间核查、校准和检定，三者的区别见表 6-2。

表 6-2　设备期间核查、校准和检定的区别

项目	期间核查	校准	检定
目的	解决仪器设备稳不稳	解决仪器设备准不准	解决仪器设备合格不合格
主题	检测检验机构	有资格的校准机构	经授权的法定计量部门
方法	使用参考标准;与相同等级的另一个设备或几个设备进行比对;对稳定的被测件的量值再次测定;也可用高等级仪器设备进行核查	采用经溯源的计量标准,根据校准规范进行校准	采用经溯源的计量标准,根据检定规程进行检定
对象	当需要时进行,包括某些关键性能需要控制、稳定性差、使用频率高和使用环境恶劣等仪器设备	凡是对检测、校准和抽样结果的准确性或有效性有显著影响的所有设备,包括辅助测量设备	有检定规程的仪器设备
周期	在两次校准的间隔内自行确定	由机构自行规定	由法规规定
范围	检验检测机构自行规定	校准规范规定的或客户要求的各个点	检定规程规定的各个点

机动车检验机构的标准物质应建立档案或台账，由专人管理并定期核查，保证其溯源性。机动车检验机构应使用有证标准气体，储存条件符合技术要求，并保证安全，禁止使用无证标准气体或过期标准气体。

第五节　管理体系

管理体系是指为建立方针和目标并实现这些目标的体系，包括质量管理体系、技术管理体系和行政管理体系。管理体系的运作包括体系的建立、体系的实施、体系的保持和体系持续改进。

一、总体要求

1. 基本原则

检验检测机构应建立、实施和保持与其活动范围相适应的管理体系，应将其政策、制度、计划、程序和指导书制定成文件，管理体系文件应传达至有关人员，并被其获取、理解、执行。检验检测机构文件至少应包括管理体系文件、管理体系文件的控制、记录控制、应对风险和机遇的措施、改进、纠正措施、内部审核和管理评审等，形成一个完整的管理体系（图 6-1）。

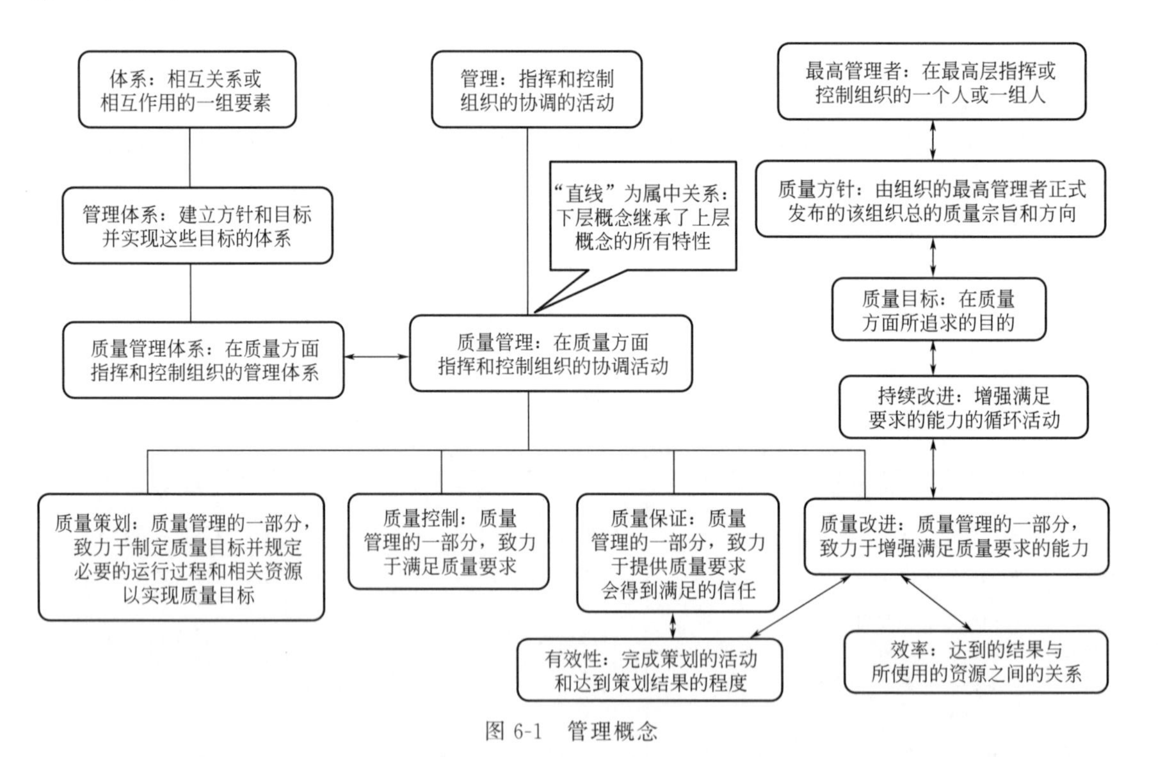

图 6-1　管理概念

为使检验检测工作有效运行，检验检测机构必须系统地识别和管理许多相互关联及相互作用的过程，称为“过程方法”。该方法使检验检测机构能够对体系中相互关联和相互依赖的过程进行有效控制，有助于提高其效率。过程方法包括按照检验检测机构的质量方针和政策，对各过程及其相互作用，系统地进行规定和管理，从而实现预期结果。

检验检测机构应将其管理体系、组织结构、程序、过程、资源等过程要素文件化。文件可分为四类：质量手册、程序文件、作业指导书、质量和技术记录（图 6-2）。

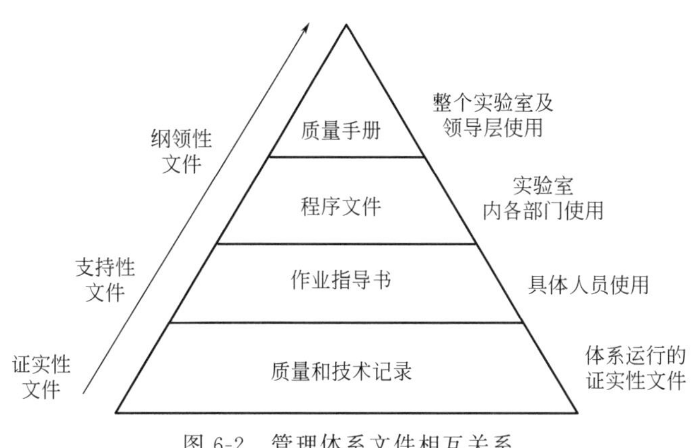

图 6-2　管理体系文件相互关系

（1）质量手册

质量手册是“规定组织管理体系的文件”，是管理体系运行的纲领性文件，按照《检验检测机构资质认定管理办法》《检验检测机构资质认定评审准则》，制定质量方针、目标，描述检验检测机构管理体系的管理要求和技术要求，以及各岗位职责和管理途径。

质量手册是阐明一个组织质量方针并描述其管理体系的文件（规定组织管理体系的文件）。

① 质量手册涉及一个组织的全部活动或部分活动，手册的标题和范围应反映其应用的领域。

② 质量手册通常应包括或涉及以下方面：

a. 质量方针；

b. 检验检测机构描述；

c. 影响质量的管理、执行、验证或评审工作的人员职责、权限和相互关系；

d. 管理体系程序和说明；

e. 关于手册评审、修改和控制的规定。

③ 质量手册在深度和形式上可以不同，以适应组织的需要。

为适应组织规模和复杂程度，质量手册的详略程度和编排格式方可以不同。

（2）程序文件

程序文件是描述管理体系所需的相互关联的过程和活动。该文件将管理体系运行各项管理活动的目的和范围，应该做什么，由谁来做，何地做，何时做，怎样做，应该使用什么材料、设备和文件，如何对该活动进行控制和记录等给予了详细、明确的描述。

（3）作业指导书

作业指导书是“有关任务如何实施和记录的详细描述”，用以指导某个具体过程、描述事物形成的技术性细节的可操作性文件。

（4）质量和技术记录

质量和技术记录是阐明所取得的结果或提供所完成活动的证据的文件。记录可以为可追溯性提供文件，并提供验证、预防措施和纠正措施的证据。记录通常不需要控制版本。

检验检测机构管理体系形成文件后，应当以适当的方式传达至有关人员，使其能够“获取、理解、执行”管理体系。

2. 方针目标

检验检测机构应阐明质量方针，制定质量目标，并在管理评审时予以评审。

① 质量方针由管理层制定、贯彻和保持，是检验检测机构的质量宗旨和方向。质量方针一般应在质量手册中予以阐明，也可单独发布。质量方针声明应经管理层授权发布，至少包括下列内容：

a. 管理层的良好职业行为和为客户提供检验检测服务质量的承诺；

b. 管理层关于服务标准的声明；

c. 质量目标；

d. 要求所有与检验检测活动有关的人员熟悉质量文件，并执行相关政策和程序；

e. 管理层对遵循本准则及持续改进管理体系的承诺。

② 质量目标是在质量方面所追求的目的，是质量方针的具体化，是可以度量的，是经过努力才能达到的。各相关部门可以根据检验检测机构的目标制定本部门的质量目标。质量目标可以包括年度目标、中期目标和总体目标等。质量目标具有挑战性、可测性、可实现性、时限性等特性。常见的质量目标有：

a. 不断拓宽技术能力；

b. 报告一次交验合格率98%；

c. 不断改进服务质量，使客户满意度达到100%；

d. 检验报告客户反馈差错率不超过0.5%；

e. 承诺客户的检验时限完成率达到98%，客户满意度达到95%；

f. 差错率≤2%；

g. 员工培训实现率≥99%；

h. 设备完好率≥99.5%；

i. 事故发生率0。

③ 质量目标应在管理评审时予以评审。考察质量目标制定的合理性和科学性，以及质量目标完成情况。

二、文件控制

检验检测机构依据制定的文件管理控制程序，对文件的编制、审核、批准、发布、标识、变更和废止等各个环节实施控制，并依据程序控制管理体系的相关文件。文件包括法律法规、标准、规范性文件、质量手册、程序文件、作业指导书和记录表格，以及通知、计划、图纸、图表、软件等。

1. 文件控制程序

① 在对机构有效运作起重要作用的所有作业场所都能得到相应文件的授权版本；

② 定期审查文件，必要时进行修订，以确保其持续适用和满足使用的要求；

③ 及时从发布部门及所有使用部门撤除无效或作废文件，或用其他方法保证防止误用；

④ 出于法律或知识保存目的而保留的作废文件应有适当的标记。

2. 文件控制范围

① 检验检测机构制定的文件和外来文件；

② 法律法规、国际、区域、国家标准、行业、地方、客户提供的方法。

3. 文件控制目的

防止误用无效和（或）作废文件。

4. 文件控制方法

① 文件的批准发布，应有识别管理体系文件修改状态和分发控制清单。

② 所有作业场所都能得到文件授权版本（有关版本）。

③ 定期评审，适时修订文件。

④ 及时从使用场所撤出无效作废文件。

⑤ 出于法律、历史、知识等方面需保留的文件做好标记。

⑥ 文件变更应由原审批部门进行。

⑦ 控制手写修改。

⑧ 电子文件应采用以下方法控制：加密，每个员工设置一个密码，有密码才能进入电子系统；根据不同岗位设置权限，区分读、用、改等；定期备份，每次备份都备注时间和人员。

5. 重点控制

（1）文件更改

① 要有更改人的姓名或等效标识（盖章、缩写、电子签名）。

② 要有更改日期。

③ 除非另有特别指定，文件的变更应由原审查人进行审查和批准；被指定的人员应获得进行审查和批准所依据的有关背景资料。

④ 若可行，更改的或新的内容应在文件或适当的附件中标明。

⑤ 如果检验检测机构的文件控制系统允许在文件再版之前对文件进行手写修改，则应确定修改的程序和权限；修改之处应有清晰的标注、签名缩写并注明日期；修订的文件应尽快地正式发布。

⑥ 应制定程序来描述如何更改和控制保存在计算机系统中的文件。

（2）记录更改

① 记录应划改或杠改，不能涂擦改。

② 要有更改人的姓名或等效标识。

（3）结果报告的更改

① 只能另发一份新结果报告，不能在结果报告上划改。

② 更改后重发新报告要重新编号并注明代替的原报告编号。

6. 文件控制

① 所有纳入体系的文件在发布给人员使用前，经授权人员审核并批准，确保文件是充分的、适宜的。

② 编制和识别体系文件现行修改状态和分发情况的控制清单或等效文件控制程序须便于查阅，机构容易忽视这个问题，往往没有体系文件的修改状态和发放控制清单，要引起重视。

③ 确保机构的作业现场可以得到适用文件的最新版本。

④ 定期审核文件，必要时修订，并再次批准，确保持续适用。

⑤ 及时撤出无效或作废的文件，保证不误用，合订本的文件如果部分作废，其他标准仍然有效，则作废的标准上需要标识作废。

⑥ 如法律、历史、知识需要，有必要保留作废文件，则需适当标识以防误用。

⑦ 文件要有唯一性标识，标识包括发布日期、修订标识、共几页第几页、文件结束的标记、发布机构。标识的方法有多种，可以使数字、颜色、标记、符号、受控章等，需要选择简易有效、适合自己的方法。

⑧ 外来文件的标识准则没有具体要求，一般外来文件本身有标识，如外来文件的标准号，如果机构有多份相同的标准可采用分发号加以标识和控制。

文件可承载在各种载体上，可以是数字存储设施如光盘、硬盘等，或是模拟设备如磁带、录像带或磁带机，还可以采用缩微胶片、纸张、相纸等。

检验检测机构应定期审查文件，防止使用无效或作废文件。失效或废止文件一般要从使用现场收回，加以标识后销毁或存档。如果确因工作需要或其他原因需要保留在现场的，必须加以明显标识，以防误用。

7. 文件审核

(1) 文件审核的目的、种类

文件审核是指对管理体系文件的审核、审批、发放、使用、更改、标识、回收和作废等全过程的检查。目的是为保证机构管理体系文件和各项管理活动所依据的检定规程、校准规范、有关技术标准等文件始终处于受控状态，并根据实际运行情况适时修改体系文件，确保文件的现行有效和保密。

(2) 文件审核的工作程序

文件审核程序建立过程中应根据机构实际情况，明确审核范围和各部门、各岗位的职责，明确审核的时间、审核方式、流程等。审核的内容包括文件的审核、审批、发放、更改、回收和处置、记录等。

(3) 文件审核的方法

文件审核人员须是熟悉过程或执行过程，且熟悉相关法律、法规、标准的人员。审核的文件既要符合相关法律法规，又要符合实际操作。不同层次的文件由不同人员审核。如质量手册由质量负责人审核或由质量负责人组织相关人员审核；程序文件由技术部门组织审核；标准、操作规程由执行且熟悉具体工作流程的操作人员审核；记录表由各使用部门审核等。审核人员确定后，文件管理部门应先组织文件审核培训，统一文件审核格式。审核的文件应具有可操作性，且文字表述准确、清晰。

(4) 检查文件的审批

检查文件的审批情况以确保文件的正确性、充分性、适宜性。受控文件均应经授权人员审批后发布。体系文件在执行过程中应根据实际情况确定评审周期，以确保文件的正确性、充分性、适宜性。一般情况下，管理体系文件应每年评审一次，可结合内部审核进行。

(5) 检查文件标识

主要包括文件编号、发放编号以及加盖文件“受控”章等。管理体系的每份文件都应具有唯一的文件编号、文件发放编号，以确保文件的统一性、唯一性和可追溯性。

(6) 检查体系文件的管理

检查是否根据质量负责人/技术负责人制定的受控文件的发放范围和发放数量来分发。

当使用文件因破坏严重而影响使用时，应交回破损文件，补领新文件，发放编号仍沿用原文件发放编号；文件丢失后应及时办理申领手续，在补发文件时给予新的发放编号，并注明丢失文件的发放编号作废。

（7）检查文件的储存

与管理体系相关的文件必须分类存放在干燥、通风、安全的地方，不得在受控文件上乱涂、划、改，确保文件的清晰。体系文件的归档、保管应同时满足机构文件管理程序规定。

（8）检查文件更改、回收及处置

检查发放的受控文件是否随意更改。检查文件需要更改时，是否说明更改原因，是否注明更改标识和更改生效时间，文件更改后是否再次经过审批，并按原文件发放范围发放更改后的文件。作废的体系文件是否由文件发放部门按文件发放范围收回并做好记录，以保证工作现场不使用过期、作废文件。作废的文件是否集中保管或统一销毁，并做好相应记录。

（9）外来文件检查

外来文件可实行分级（单位级、部门级）检查。单位级外来文件，如国家法律法规、国家及地方相关行业标准等，是否由文件管理部门负责统一编号、加盖“受控”章后，按内部受控文件进行发放、保管、定期评审、回收处置等。部门级外来文件，如仪器、设备说明书或复印件等，是否由各部门负责收集、整理，是否确保所使用的外来文件为最新版本，并做好部门外来文件登记清单。

（10）审核文件时的注意事项

① 注意检查文件复制。有些人员为了完成任务，不加选择地抄袭范文，写出来的文件不完全符合实际，不能做到实事求是。

② 检查文件的修订是否及时。检查审核文件时要注意许多与质量有关的上级收文及本级发文没有及时纳入体系文件，没有及时修订，从而使一些做法游离于体系文件之外。

③ 检查文件接口是否顺畅。检查审核各层次文件之间及同层次文件之间有没有较好衔接，是否出现相互矛盾的规定。

④ 检查记录是否完整。检查有没有该记的不记，为应付检查事后补记等。

⑤ 检查人员对文件受控意识。检查是否不断制定各种规章制度，但并没有将其纳入管理体系文件，甚至朝令夕改；是否有些部门对于接收的外来文件不加分辨，没有将外来受控文件统一管理。

三、合同评审

检验检测机构应依据制定的评审客户要求的相关程序，对合同评审和对合同的偏离加以有效控制，记录必要的评审过程或结果。

检验检测机构应与客户充分沟通，了解客户需求，并对自身的技术能力和资质状况能否满足客户要求进行评审。若有关要求发生修改或变更时，需进行重新评审。对于出现的偏离，检验检测机构应与客户沟通并取得客户同意，将变更事项通知相关的检验检测人员。

合同评审是任务开始的第一项工作，关系到后续测试的方方面面，至关重要。主要从技术、能力、商务三个方面来评审。对于机动车检验机构而言，主要是对检验的范围进行评估，准确申请。

1. 技术要素的评审

① 检测性质评审：要充分考虑法定、仲裁或鉴定及委托检测的客户需求存在的差异，

直接影响评审内容、方法和方式。

② 检测方法的评审：明确所使用的方法并形成文件。如果客户指定检测方法，则要评审客户指定方机构、制造商、贸易机构、消费者组织和消费者个人。特别是方法的有效性和适用性。如果客户未指定方法，应优先使用以国际、区域或国家标准发布的方法。

③ 检测依据评审：是指标准、规程、协议或合同。根据检测的性质和要求，重点是依据的适用性。

④ 检测项目评审：主要与客户明确具体的检测项目。

⑤ 检测条件评审：确定双方认可的条件。

⑥ 样品相关性要求评审：确定与样品相关的规格、数量、抽样、运输、存储、制备、防护、处理处置内容。

⑦ 安全和环保要求评审：样品存储、制备、检测过程中存在的或潜在的危险或危害，必要时采取防护措施。

⑧ 结果要求的评审：确定结果的提交形式、内容和方式，包括报告的内容、意见、解释，要求。

2. 能力要素的评审

① 人力资源评审：评审人员具备开展检验工作需要的专业技能。同时要考虑需要抽样时，配备合适的抽样人员、具备客户要求的特定资格人员，人员数量是充分的。

② 设备和设施评审：自身具备开展检测所要求或客户规定的设备设施。

③ 能力证明的评审：为法定检测、司法要求鉴定、仲裁检验的客户提供证明，资质授权及认可能力服务范围证明。

3. 商务要素评审

① 时间评审：要对整个检测服务实现过程各个具体环节花费的时间进行统筹，确定充分的完成时间。

② 费用：评审检测服务各个项目产生的合理费、费用支付方式，说明客户需要负责的费用和实验室负责的费用。

四、采购、服务及投诉

1. 采购

检验检测机构应建立并保持选择或购买对检验检测质量有影响的服务和供应品的程序。明确服务、供应品、试剂、消耗材料等的购买、验收、存储的要求，并保存对供应商的评价记录。

① 为保证采购物品和相关服务的质量，检验检测机构应当对采购物品和相关服务进行有效的控制及管理，应按制定的程序对服务、供应品、试剂、消耗材料的购买、验收、存储进行控制，以保证检验检测结果的质量。采购服务，包括检定和校准服务，仪器设备购置，环境设施的设计和施工，设备设施的运输、安装和保养，废物处理等。

② 检验检测机构应对影响检验检测质量的重要消耗品、供应品和服务的供货单位及服务提供者进行评价，并保存这些评价的记录和获批准的合格供货单位及服务提供者名单。

2. 服务

检验检测机构应与客户沟通，全面了解客户的需求，为客户解答有关检验检测的技术和方法。

① 与客户进行沟通、交流，回答客户的相关咨询，与客户进行合作，为客户提供优质服务。

② 通过沟通、交流，全面了解客户的需求，为提供满意服务创造条件。

③ 为客户回答有关检验检测技术和方法，提高客户寻求服务的信心。

④ 为客户提供工作、休息的场所，以及相关的包装、发送服务，方便客户，提高客户的满意度。

⑤ 定期以适当的方式征求客户意见并深入分析，改进管理体系。

⑥ 让客户了解、理解检验检测过程，是与客户交流的重要手段。在保密、安全、不干扰正常检验检测的前提下，允许客户或其代表进入检验检测的相关区域观察检验检测活动。

机动车检验机构应明示其许可资质、检验项目、检验标准、收费标准、车辆检验流程图、检验工位布置图和投诉监督栏等服务性设施。

3. 投诉

投诉是任何组织或个人向检验检测机构表达的，有别于申诉并希望得到答复的，对检验检测机构的活动的不满。检验检测机构应建立和保持处理投诉的程序。明确对投诉的接收、确认、调查和处理职责，跟踪和记录投诉，确保采取适宜的措施，并注重人员的回避。

① 检验检测机构应指定部门和人员接待及处理客户的投诉，明确其职责和权利。对客户的每一次投诉，均应按照规定予以处理。

② 处理投诉。应指定部门和人员接待及处理客户的投诉，明确其职责和权利。与客户投诉相关的人员、被客户投诉的人员，应采取适当的回避措施。对投诉人的回复决定，应由与投诉所涉及的检验检测活动无关的人员做出，包括对该决定的审查和批准。

③ 检验检测机构应对投诉的处理过程及结果及时形成记录，并按规定全部归档。只要可能，检验检测机构应将投诉处理过程的结果正式通知投诉人。

五、不符合工作

不符合是指检验检测活动不满足标准或者技术规范的要求、不满足与客户约定的要求或者不满足体系文件的要求。

1. 不符合工作控制

检验检测机构应明确如何对不符合的严重性和可接受性进行评价，规定当识别出不符合时采取的纠正措施，并明确使工作恢复的职责。不符合工作的处理程序应包括下列的内容。

① 确定对不符合工作进行管理的职责和权利，并规定当识别出不符合工作时采取的措施（针对内附等级采取相应措施，如暂停工作、扣发报告等）。

② 对不符合工作的严重性进行评价。

③ 立即进行纠正，对不符合工作的可接受性进行评价（是否对检验检测结果和数据产生影响）。

④ 必要时通知客户。

⑤ 规定恢复工作的职责。

⑥ 记录所描述的不符合工作和纠正措施。

不符合的信息可能来源于监督员的监督、客户意见、内部审核、管理评审、外部评审、设备设施的期间核查、检验检测结果质量监控、采购的验收、报告的审查、数据的校核等。检验检测机构应关注这些环节，及时发现、处理不符合工作。当评价表明不符合工作可能再度发生，或对检验检测机构的运作与其政策和程序的符合性产生怀疑时，应立即执行纠正措施程序。当不符合工作可能影响检验检测数据和结果时，应通知客户，并取消不符合工作所产生相关结果。

2. 纠正改进

检验检测机构应建立和保持在识别出不符合工作时，采取纠正措施的程序。检验检测机构应通过实施质量方针、质量目标，应用审核结果、数据分析、纠正措施、管理评审、人员建议、风险评估、能力验证和客户反馈等信息来持续改进管理体系的适宜性、充分性和有效性。

检验检测机构应考虑与检验检测活动有关的风险和机遇，以利于：确保管理体系能够实现其预期结果；把握实现目标的机遇；预防或减少检验检测活动中的不利影响和潜在的失败；实现管理体系改进。检验检测机构应策划：应对这些风险和机遇的措施；如何在管理体系中整合并实施这些措施；如何评价这些措施的有效性。

检验检测机构应该引入了“风险管理”的思想。分析检验检测机构所处环境，能够识别其面临的风险和机会。增强检验检测机构确定导致流程和质量管理体系偏离预期结果的因素的能力，提升检验检测机构实施预防控制使负面影响降到最低以及在机会出现时充分利用机会的能力。

① 纠正措施是指为消除已发现的不合格工作或其他不期望情况的原因所采取的措施。一个不合格工作可以由多个原因产生，采取纠正措施是为了防止再发生。当识别出不符合工作，或在管理体系或发生不符合工作及技术运作中出现对政策和程序偏离时，应实施纠正措施。纠正措施的方案可有多种，要从成本、效果、风险等多方面考虑，选择修改程序简单、环节最少、效果最佳的方案。对于严重的不符合、严重的偏离，将会导致检验检测机构的政策和程序的变化，检验检测机构应组织一次年度审核计划之外的附加审核。

② 预防措施是事先主动识别改进机会的过程。为消除潜在不合格或其他潜在的不期望情况的原因所采取的措施。

③ 预防措施针对的对象：

a. 潜在的不符合，即尚未发展到不符合规定要求的程度，但有这种可能性或发展趋势；

b. 其他尚未发生但不希望发生的情况；

c. 预防措施旨在消除潜在的原因。

④ 预防措施：

a. 内部和外部管理体系审核记录及报告，主要是将纠正措施转化为预防措施；

b. 期间核查，分析期间核查数据和结果，评估量值溯源风险，提出预防措施和临界数据；

c. 检测结果质量监控，分析质量监控结果和数据，当发现质量控制数据超出预先确定的判据时，提出预防措施；

d. 客户调查和反馈的信息，分析客户满意率，提出预防措施；

e. 管理人员和监督员记录/报告，也是将纠正措施转化为预防措施；

f. 员工建议。

此外，检验检测机构重大活动的预案将引发一系列预防措施，诸如节假日、特殊天气、监督检查、现场评审等。

检验检测机构在开展纠正、制定纠正措施和预防措施时，应掌握三者的区别，具体见表6-3。

表6-3　开展纠正、制定纠正措施和预防措施区别

开展纠正	制定纠正措施	预防措施
纠正是为消除已发生的不合格所采取的措施，通常以对不合格进行处置的方式实现，如返工、返修等	为了消除已经发现的不合格的原因所采取的措施	为消除潜在的不合格或其他潜在不期望情况的原因所采取的措施
是对不合格的一种处置，不分析原因，纠正可以连同纠正措施一起实施	为消除现在的不合格分析原因，防止类似问题再次发生所采取的措施	为了消除潜在的不合格分析原因，防止问题发生所采取的措施
被动措施	被动措施	主动措施

六、记录控制

检验检测机构应建立和保持记录管理程序，确保记录的标识、储存、保护、检索、保留和处置符合要求。

1. 记录的分类

（1）质量记录

质量记录指检验检测机构管理体系活动中的过程和结果的记录，包括合同评审、分包控制、采购、内部审核、管理评审、纠正措施、预防措施和投诉等记录。

（2）技术记录

技术记录指进行检验检测活动的信息记录，应包括原始观察、导出数据和建立审核路径有关信息的记录，检验检测、环境条件控制、员工、方法确认、设备管理、样品和质量监控等记录，也包括发出的每份检验检测报告或证书的副本。

每项检验检测的记录都应包含充分的信息，该检验检测在尽可能接近原始条件情况下能够重复。记录应包括抽样人员、每项检验检测人员和结果校核人员的签字或等效标识。观察结果、数据应在产生时予以记录。不允许补记、追记、重抄。书面记录形成过程中如有错误，应采用杠改方式，并将改正后的数据填写在杠改处。实施记录改动的人员应在更改处签名或等效标识。所有记录存放时都应有安全保护措施，对电子存储的记录也应采取与书面媒体同等措施，并加以保护及备份，防止未经授权的侵入及修改，以避免原始数据的丢失或改动。记录可存于不同媒体上，包括书面、电子和电磁。

2. 记录的管理

有效管理检验检测机构繁杂的记录，确保检验检测机构所有的记录真实、有效。

（1）明确记录控制的职责和权限

所有管理体系运行所涉及的部门都必须保留自己的工作情况和体系运行当中的记录及必要的追溯性、证明性记录。指定一个部门收集、归档和保存相关质量和技术记录，负责建立和管理人员技术档案及设备技术档案与各类记录表格的审核和发放等，一般为管理部门。各检定部门按规定要求填写、整理本部门使用的记录。形成以管理部门为主，检定部门为辅的记录控制和管理。

（2）记录管理的明细

所有记录均按管理体系各个不同的活动和规范考核分类的目录纳入其具体的对应项目，并且编入体系文件。

记录由管理体系各活动参与人根据预先制定的表格具体记录，然后定期汇总至管理部门。

（3）记录的编号与检索

各检验检测机构可自行制定编号规则，例如：某检定装置标准档案号为71号，该标准的原始记录有两种，所以该检定装置的原始记录编号分别为71JL2-1、71JL2-2。记录的检索可以根据记录名称、归档编号、收集日期等信息在台账中查询。

（4）记录的存取及储存

记录的目录可以活页形式编入体系文件，具体记录暂时保存在质量活动的各个部门，年底由管理部门装订成册保存。其目录同时存入计算机。查取时，可通过计算机检索目录，先查到部门，再根据分类和日期查找，也可通过体系文件目录进行查找。

（5）记录的维护和处理

所有的记录分别由各个不同的质量活动的职能部门来填写，由管理部门定期监督检查。发现有缺陷或不足，及时通知具体填写部门改进并作为内部审核的依据。

记录的填写应符合客观、真实、准确的原则，填写的内容要清楚、详细、完整、字迹工整，并且应随质量活动的发生而进行，禁止后补。记录的填写出现错误需要更改时，应在错误处划双横线以示去除，同时将正确的内容写在上面的空白处，并加盖更正人印章，禁止在错误处涂改；记录应有记录人签字并注明日期。

当年记录保存在具体记录部门，第二年上交管理部门统一编号归档，确保每本记录均有唯一的名称和编号，规定出保存期，超过期限的，酌情处理或销毁。保存时应确保安全和不丢失，在内审时应检查质量记录的可信度，并督促可信度差的部门及时改正。

存入计算机的记录，只有管理部门根据授权指令可以修改，并通过密码进入。其他职能部门只能通过共享进行阅读，不能存取和修改。程序员定期对存储记录进行光盘刻录备份。

所有记录都应做好保密，管理体系中的任何环节均不得把记录失密。本所内部人员查阅记录须经过批准后登记方可进行；外部人员需要查阅，应在为其他客户信息保密的前提下，经质量负责人批准后登记方可进行。

3. 原始记录要求

（1）原始记录管理注意事项

在记录控制管理中，原始记录是重中之重，它是检定、校准、检测能力的证据。为确保对实验室已进行的检定、校准和检测工作进行复现、追溯，就要对原始记录进行有效控制。

（2）原始记录的内容与格式

各检定部门检定、校准和检测人员必须按计量检定规程或校准检测方法及规范要求的记录格式填写原始记录，若没有格式要求，也要按实验室规定的通用格式填写原始记录。原始记录要能全面反映检定、校准和检测的全过程。内容包括日期、观察结果、读出数据、计算公式、导出数据和结果，必要时包括图形、表格等。需要时还应在原始记录中记录偏离规程或校准方法的情况、测量不确定度等足够的信息。并根据这些信息可以在接近原来的情况下复现检定、校准和检测活动并识别出产生不确定度的影响量。

（3）原始记录的识别

原始记录均应有唯一性标识。固定实验室之外的现场检定、校准、检测的原始记录也必须达到上述要求。

（4）原始记录的使用

所有未填写的空白原始记录均由管理部门统一管理、发放、记录。检定部门按需领取，严禁检定部门擅自出具（打印）空白原始记录。

4. 电子记录要求

（1）记录来源

① 由自动化设备或数据采集系统产生。自动化设备通过自动检测直接产生原始数据，其一般通过电子方式记录和输出。

② 由人工输入电子设备或信息系统产生。如在一个布置有专用检测网络的检验检测机构，其某些检测数据由检测人员检测后直接输入电子文件或数据库中。

③ 由纸质文件转换而成。如为方便管理和查询，将纸质文件扫描或拍照而转换成电子文件，如图像文件、PDF 文件格式等，但严格说来此并非电子记录，只是纸质记录的影像文件，对其管理并不涉及电子签名和更改问题，但需要保护。

（2）电子记录的安全保护和保密

检验检测机构应有程序来保护和备份以电子形式存储的记录，并防止未经授权的侵入或修改。电子记录具有易修改、易删除、易复制、易损坏的特点。电子记录的形成、收集、索引、存取、存档、存放、维护和清理等各个环节，都有信息更改、丢失的可能性，人为的破坏、误操作、网络的错误和计算机网络病毒对电子文件构成很大威胁，建立并执行一整套科学、合理、严密的管理制度和技术保护措施，对于维护电子记录的原始性、真实性十分重要。目前有多种技术措施和管理措施。

（3）电子记录的技术保护措施

① 签署技术。

对电子记录进行签署的目的在于证实该份文件确实出自作者，其内容没有被他人进行任何改动。原始记录的电子签名与手写签名具有同等的“唯一性”及“不可更改性”。

电子签名有两种形式：一是无生物特征的电子签名，如用户识别码和密码，其随时间的流逝具有唯一性；二是具有生物特征的电子签名，如指纹、视网膜扫描、发声等，这些特征在体现个人独有性方面是可测量的。

目前普遍使用的电子签名技术还是“数字签名”技术。所谓“数字签名”就是通过某种密码运算生成一系列符号及代码组成电子密码进行签名，来代替书写签名或印章，数字签名是不可伪造的。接收者能够验证文档确实来自签名者，并且签名后文档没有被修改过，从而保证信息的真实性和完整性。其验证的准确度是一般手工签名和图章的验证而无法比拟的，目前的“数字签名”技术在电子商务和电子政务方面得到广泛应用，其技术同样适用于电子记录的签名。由于数字签名具有不可伪造的特点，也是一种身份验证手段。

② 加密技术。

采用加密技术可以确保电子文件内容的非公开性数据。加密的基本过程就是对原来为明文的文件或数据按某种算法进行处理，使其成为不可读的一段代码，只能在输入相应的密钥之后才能显示出本来内容，通过这样的途径达到保护数据不被人非法窃取、阅读的目的。该过程的逆过程为解密，即将该编码信息转化为其原来数据的过程。一般来说加密体制分为对称密钥加密和公用密钥加密。对称式加密：收发双方使用相同密钥，加密和解密使用同一密钥。非对称式加密：也称公用密钥加密，加密和解密使用不同密钥。它通常有两个密钥，称为“公钥”和“私钥”。它们两个必须配对使用，否则不能打开加密文件。这里的“公钥”是指可以对外公布的，“私钥”则不对外公布，只有持有人知道。加密算法和解密算法在非对称式加密中是不相同的。对称密钥加密在密钥方面有一定的缺陷，但执行效率高；公用密钥加密执行效率低，但保密性强，在报文和网络方面对小量信息加密非常有效。

③ 身份验证技术。

为了防止无关人员进入系统对文件或数据进行访问，有些系统需要对用户进行身份验证，如银行系统使用用户密码验证，文件管理系统使用管理员代码验证等。对复杂网络环境下的安全认证需要更加复杂的认证方式，如数字证书、动态口令、智能卡、生物识别等多种认证方式，或是这些方式的组合。有了身份验证就可以对不同人员赋予不同的文件操作权限，实现对检测机构的人员权限管理。

④ 防火墙。

这也是一种访问控制技术，它是在某个机构的网络和外界网络之间设置障碍，阻止对本机构信息资源的非法访问，也可以阻止机要信息、专利信息从该机构的网络上非法输出。防火墙好像是网络上的一道关卡，它可以控制进、出两个方向的通信。防火墙的安全保障能力仅限于网络边界，它通过网络通信监控系统监测所有通过防火墙的数据流，凡符合事先制定的网络安全规定的信息允许通过，不符合的就拒之墙外，使被保护网络的信息和结构不受侵犯。

⑤ 防写措施。

目前在许多软件中可以将文件设置为“只读”状态，在这种状态下，用户只能从计算机上读取信息，而不能对其做任何修改。在计算机外存储器中，例如只读光盘（CD-ROM）只能供使用者读出信息而不能追加或擦除信息，一次写入式光盘（WORM）可供使用者一次写入多次读出，可以追加记录但不能擦除原来的信息。这种不可逆式记录介质可以有效地防止用户更改电子文件内容，保持电子文件的原始性和真实性。上述技术措施对于证实电子记录内容的真实、可靠，保证电子文件在存储、传输过程中的安全、保密，防范对电子记录的非法访问和随意改动，都具有很好的效果。随着这些技术的成熟、普及和新技术的出现，电子记录的原始性和真实性可以得到更加可靠的认定和更为有效的保障。

（4）电子记录保护的管理措施和要求

① 电子记录的形成要规范，记录的内容要完备，格式要规范清晰，能被系统正确识别而不会发生错误。

② 电子记录的复核要仔细。除对技术内容进行复核外，还要关注电子文档的格式规范性。

③ 建立严格的保管制度。要选用稳定性好的记录载体，对其载体的存放条件、系统运行环境、文件的读写要进行严格控制，并定期对载体、计算机系统进行检查，对文件的转换或拷贝要注意其原始性，防止失真。对文件定期进行备份。对计算机和网络系统进行病毒防护。

④ 加强对电子记录利用的管理。电子文件入库载体不得外借，只能以拷贝的形式提供利用。实行利用权限控制，防止无关人员对电子文件系统的非法访问，防止利用过程中的泄密和损伤信息。通过技术手段防止提供拷贝的再复制或传播。系统应从电子记录形成、收集、存取、整理、归档，到电子记录的保管、利用的全过程管理，即所谓“电子记录的全过程管理”。

⑤ 电子签名的控制。由于电子签名代表了签名人的意志和行动，每一个电子签名应是唯一对应单独一个人的并且不能被再使用或再分配给其他任何人。签名要保证仅被它们真正的所有者使用。签名要能够被验证其真实性，安全性应得到足够的保护。电子记录上签署的电子签名应该链接到它们各自的电子记录以保证电子签名不能够被删去、拷贝或其他方面的转移以至于使用普通手段伪造一个电子记录。

⑥ 电子文档相应设备过时的对策。电子文档的管理，会遇到记录载体不耐久、读写档案信息的软硬件技术过时等大问题。这个问题对那些保存时间长的电子记录尤其突出，应当有清醒的认识，采取适当的措施。如文档的格式转换或拷贝、保留生成电子记录的软件，将电子文件与纸质文件一起保存，或将电子记录转化成纸质记录。

（5）电子记录的更改

当记录中出现错误时，每一个错误都应划改，不可擦涂掉，以免字迹模糊或消失，并将正确值填写在其旁边。对记录的所有改动都应有改动人的签名或签名缩写。对电子存储的记录也应采取同等措施，以避免原始数据的丢失或改动。对于纸质记录来说，以上要求容易实现。对电子记录则要有相应的方法和规则。

记录上的原始数据要能够原样保留，不能删除或更改，只能在其上加划改符号。对改动后的数据或信息要能够比较容易地识别，且能够清楚知道替换哪些数据或信息。后来增加的信息均要清晰标明。如有必要，应标注更改记录的理由。

电子记录管理系统要保证不能删除已形成的记录上的任何信息，包括后来改动或附加的信息，对记录的更改只能通过增加信息的方式来实现。每次更改之后均要更改人进行电子签名，无电子签名的记录不予承认。

七、内部审核与管理评审

1. 内部审核

检验检测机构应建立和保持管理体系内部审核的程序，以便验证其运作是否符合管理体系和国家标准的要求，管理体系是否得到有效的实施和保持。

① 内部审核是检验检测机构自行组织的管理体系审核，按照管理体系文件规定，对其管理体系的各个环节组织开展的有计划的、系统的、独立的检查活动。检验检测机构应当编制内部审核控制程序，对内部审核工作的计划、筹备、实施、结果报告、不符合工作的纠正、纠正措施及验证等环节进行合理规范。

② 内部审核通常每年进行一次，由质量负责人策划并制定审核方案，内部审核应当覆盖管理体系的所有要素，应当覆盖与管理体系有关的所有部门、所有场所和所有活动。但是这种覆盖不是必须的，检验检测机构可以依据以下三点：

a. 有关过程的重要性；

b. 对检验检测机构产生影响的变化；

c. 以往的审核结果。

进行策划、制定、实施和保持审核方案，审核方案包括频次、方法、职责、策划要求和报告。

③ 内审员应当经过培训，能够正确理解《检验检测机构资质认定能力评价　检验检测机构通用要求》（RB/214—2017）、清楚内部审核的工作程序、掌握内部审核的技巧方法和

具备编制内部审核检查表、出具不符合项报告的能力。

④ 在人力资源部允许的情况下，应当保证内审员与其审核的部门或工作无关，确保内部审核工作的客观性、独立性。

⑤ 内部审核发现问题应采取纠正措施并跟踪验证其有效性，对发现的潜在不符合项制定和实施预防措施。

⑥ 内部审核过程及其采取的纠正措施、预防措施均应予以记录。内部审核记录应清晰、完整、客观、准确。

审核概念如图 6-3 所示。

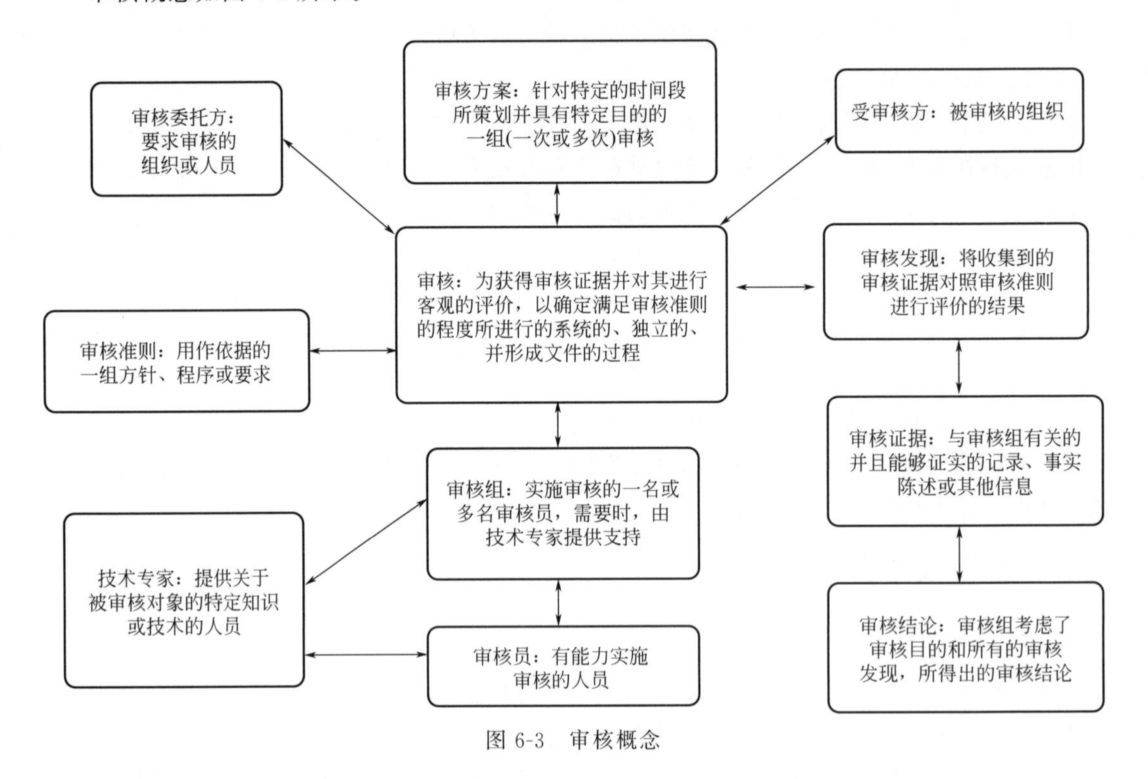

图 6-3 审核概念

2. 管理评审

管理评审是管理层定期、系统地对管理体系的适宜性、充分性、有效性进行评价，以确保其符合质量方针和质量目标。

检验检测机构应建立和保持管理评审的程序。管理评审通常 12 个月进行一次。管理评审由管理层主持。管理评审的输入不限于该标准要求的内容。检验检测机构的风险从合同评审即开始，因此作为机构的管理层应预先识别管理风险，使风险消除或降低至可控制范围内，这是机构管理层必须要做的一项工作。检验检测机构应当编制管理评审计划，明确管理评审的目的、内容、方法、时机以及结果报告。管理层应确保管理评审输出的实施。检验检测机构应当对评审结果形成评审报告，对提出的改进措施，管理层应确保负有管理职责的部门或岗位人员启动有关工作程序，在规定的时间内完成改进工作，并对改进结果进行跟踪验证。应保留管理评审的记录。

（1）管理评审的目的

① 管理层应当对组织的质量管理体系和检验检测活动定期进行评审，以确保其持续适

宜性和有效性，并进行必要的变更或改进。

② 管理评审应当进行策划，以进行必要的改进，确保组织的质量安排持续满足组织的需要。评审还应当确保组织的质量管理体系持续符合 CMA 的要求。

③ 管理评审应当注意到机构的组织、设施、设备、程序和活动中已经发生的变化及需求发生的变化。

④ 内部或外部的质量审核结果、机构间比对或能力验证的结果、认可机构的监督访问或评审结果，或客户的投诉，都可能对体系提出改进的需求。

⑤ 质量方针和质量目标应当进行评审，必要时进行修订。应当制订下一年度的质量目标和措施计划。

（2）管理评审输入应包括的信息

① 检验检测机构相关的内外部因素的变化。

② 目标的可行性。

③ 政策和程序的适用性。

④ 以往管理评审所采取措施的情况。

⑤ 近期内部审核的结果。

⑥ 纠正措施。

⑦ 由外部机构进行的评审。

⑧ 工作量和工作类型的变化或检验检测机构活动范围的变化。

⑨ 客户反馈。

⑩ 投诉。

⑪ 实施改进的有效性。

⑫ 资源配备的合理性。

⑬ 风险识别的可控性。

⑭ 结果质量的保障性。

⑮ 其他相关因素，如监督活动和培训。

（3）管理评审输出应包括的内容

① 管理体系及其过程的有效性。

② 符合本标准要求的改进。

③ 提供所需的资源。

④ 变更的需求。

3. 管理评审、质量监督与内部审核比较（表 6-4 和表 6-5）

表 6-4　内部审核和管理评审

项目	管理评审	内部审核
目的	确保管理体系的适宜性、充分性和有效性	确保管理体系的符合性和有效性
主持人	管理层	质量负责人
依据	相关方(供方、客户、用户、员工、社会)的期望	管理体系文件
内容	标准中要求管理评审的内容	标准全部内容
执行者	管理层、中层以上管理人员	内审组长、内审员

续表

项目	管理评审	内部审核
频次	12个月至少一次	每年一次或多次
方式	会议、文件传递	(审查、实作)集中、滚动、附加
结果	改进体系、组织、资源	纠正、纠正措施
关系	管理评审的输出为内审时的输入	管理评审输入内容之一

表 6-5　内部审核与质量监督

项目	质量监督	内部审核
活动目的	确保机构人员按照规定的管理程序或技术操作要求开展活动	检查并评价质量管理活动对体系要求的符合性和有效性
活动对象	机构操作人员、操作过程	参加管理体系活动相关人员
责任人	多为质量负责人	质量负责人负责组织、策划
参加人	质量监督员、被监督人员	内审员、受审核部门人员
实施方法	定期核查记录、报告，监督员到现场观察操作过程，调取或通过视频观察等	现场核查各项质量管理活动，检查某一阶段的质量活动记录
活动开展的实际和计划	在质量活动过程中多频次开展对每个检验检测人员每类授权项目在认可或认定周期内至少见证一次	按照计划周期进行一年至少一次年度计划，应该覆盖管理体系各部门、场所、人员及各部门相关要素
活动特点	灵活、局部、注重技术活动	阶段、全面、管理与技术并重
结果评价	每次监督有评价、年度有总结、总体情况要输入管理评审	每次内审有评价、每次有结论、内审信息要输入管理评审

八、方法的选择、验证和确认

检验检测机构应建立和保持检验检测方法控制程序。检验检测机构应使用适合的方法（包括抽样方法）进行检验检测，该方法应满足客户需求，也应是检验检测机构获得资质认定许可的方法。

检验检测方法包括标准方法和非标准方法，非标准方法包含自制方法。

① 标准方法——指标准化组织发布的方法，包括：

a. 国内标准，由国内标准化组织或机构发布的标准，如国家标准、行业标准和地方标准；

b. 国际标准，由国际标准化组织发布的标准，如 ISO、IEC、ITU 等；

c. 区域标准，由国际上区域标准化组织发布的标准，如欧洲标准化委员会（CEN）等；

d. 国外标准，由国外标准化组织发布的标准，如 ANSI、DIN、BSI 等。

② 国务院行业部门以文件、技术规范等形式发布的方法也可作为资质认定的方法。

③ 检验检测机构制定的或采用的方法。其中第 1、第 2 种方法在使用前应经过证实方可使用，证实应有记录；第 3 种方法应先进行确认并有记录，再经证实后方可使用。标准方法变更应重新证实。非标准方法变更后重新确认和证实并有记录。

当客户指定的方法是企业的方法时，则不能直接作为资质认定许可的方法，只有经过检验检测机构转换为其自身的方法并经确认后，方可申请检验检测机构资质认定。

检验检测机构在初次使用标准方法前，应证实能够正确地运用这些标准方法（表 6-6）。如果标准方法发生了变化，应重新予以证实，并提供相关证明材料。检验检测机构在使用非标准方法前应进行确认，以确保该方法适用于预期的用途，并提供相关证明材料。如果方法发生了变化，应重新予以确认，并提供相关证明材料。

表 6-6　标准方法的证实

项目	要求	备注	结论
人员	人员资质和数量是否满足要求 是否经过有效的培训 是否熟练掌握标准方法	提供相应的资质证明 提供培训考核记录	
设备	设备是否符合标准方法的要求 是否校准或检定，是否制订校准或检定计划	提供校准检定证书 提供检定校准计划	
耗材	是否配备方法规定的参考标准或参考物质 所需要的耗材是否符合方法要求并定期核查	提供验收核查记录	
样品	是否有样品的接收要求 储存与处置环境设施是否满足要求	提供样品管理文件和现场条件	
检测方法	方法规定的各项特性指标是否能够实现 是否编制作业指导书并且便于取阅 是否符合标准方法规定的要求		
环境设备	是否符合标准方法的要求 影响结果的环境条件是否已经文件化并进行了监控	提供验证和监控记录	
记录与表格	记录表格是否全面规范 能否提供典型报告和不确定度报告		
结果验证	是否制定质量控制记录	提供结果质量控制记录	

方法确认是检验检测机构重要一环。

① 方法确认的定义。

通过检验和提供客观证据，证实满足指定最终用途的特定要求（方法正确、可用），包含三个重要组成部分："特定的最终用途"，是从分析所要解决问题中产生的对于分析的要求；"客观证据"，常表现为从有计划的实验过程中获得的数据，从中可计算出适当的方法性能参数；"证实"，是通过将性能数据与诸如方法适用性方面的要求进行充分的比较来进行的。

② 方法确认的原因。

a. 在测量前，应确保它是正确的，确认可提供这种保证。确认可提供在质量控制中作为对照基础的数据。在生产环境中，生产者有责任对于产品质量给予合理关注。有时，方法确认是法规的要求。

b. 在测量方法性能参数时，通过数据的累积反映整体运行中方法的哪部分是稳定的，哪部分可能有问题。因此，可设计出合适的质量控制程序并实施。还可利用方法确认数据提供的信息评估不同实验室用不同方法所得样品分析结果的可比性。

③ 方法确认的时机。

方法研发过程；使用任一方法进行样品分析前；工作环境发生变化或长期停用后的再确认。

④ 方法确认的实施。

a. 确定分析要求：调查客户要解决的问题，考察进行分析的原因，找出客户通过分析工作希望达到的目的，判断方法的哪些性能参数与工作有关，哪些目标值是必需的。

b. 设计一组实验。

c. 进行实验。

d. 使用数据评估适用性。

e. 做出确认说明，是对方法适用性的正面肯定。

f. 还可在方法研究的范围内进行更为广泛的确认，用以说明方法对各种基体类型、被分析物、浓度水平、精密度和准确度等的适用性。

⑤ 方法的性能参数。

a. 同一性确认（选择性/特异性）。

b. 正确度（偏差、回收率），对计算被分析物或特性的绝对值是重要的。

c. 精密度（重复性、复现性），在水平比研究中很重要。

d. 工作范围，大多数情况下都很重要。

e. 耐久性/抗干扰性，可以说明要对哪些参数进行控制，从而保持方法性能。

f. 灵敏度，医学和临床化学家把它作为可替代检测限的参数。

⑥ 方法确认的工具（不限于以下这些）。

a. 标准和有证标准物质。

b. 内部制备的标准物质和标记物。

c. 真实样品和富集样品。

d. 统计学知识。

e. 物理化学等原理的分析解释。

如果标准、规范、方法不能被操作人员直接使用，或其内容不便于理解，规定不够简明或缺少足够的信息，或方法中有可选择的步骤，会在方法运用时造成因人而异，可能影响检验检测数据和结果正确性时，则应制定作业指导书（含附加细则或补充文件）。

当客户建议的方法不适合或已过期时，应通知客户。如果客户坚持使用不适合或已过期的方法时，检验检测机构应在委托合同和结果报告中予以说明，应在结果报告中明确该方法获得资质认定的情况。

检验检测机构应制定程序规范自己制定的检验检测方法的设计开发、资源配置、人员、职责和权限、输入与输出等过程，自己制定的方法必须经确认后使用。在方法制定过程中，需进行定期评审，以验证客户的需求能得到满足。使用自制方法完成客户任务时，需事前征得客户同意，并告知客户可能存在的风险。验证、确认、偏离的区别见表 6-7。

表 6-7 验证、确认、偏离的区别

项目	验证	确认	偏离
对象	标准方法	非标准方法	标准方法、非标准方法
目的	是否有能力按照标准方法开展检验检测工作(机构)	能否使用(方法本身、机构)	临时需要，非常态
方法	从“人、机、料、法、环、测”去验证	用五种方法来确认	技术判断(一定的误差范围内；一定数量；一定的时间)
时限	使用一段时间(标准变更周期一般是五年)	在转化为标准方法之前	偏离后仍需回归常态

九、测量不确定度

检验检测机构应根据需要建立和保持应用评定测量不确定度的程序。检验检测机构申请资质认定的检验检测项目中，相关检验检测方法有测量不确定度的要求时，检验检测机构应建立和保持应用评定测量不确定度的程序，作为评审时检验检测结果的必须应有的程序，检验检测机构应给出相应检验检测能力的评定测量不确定度案例。若检验检测机构申请资质认定的检验检测项目中无测量不确定度的要求时，检验检测机构可不制定该程序。鼓励检验检测机构在测试出现临界值、进行内部质量控制或客户有要求时，采用测量不确定度方法。

十、数据信息管理

检验检测机构应获得检验检测活动所需的数据和信息，并对其信息管理系统进行有效管理。检验检测机构应当对所有媒介上的数据予以保护，制定数据保护程序，保证数据的完整性和安全性。检验检测机构应当确保自行研发的软件适用于预定的目的，使用前确认其适用性，并进行定期、改变或升级后的再次确认，应保留相关记录。维护计算机和自动设备以确保其功能正常，并提供保护检测和校准数据完整性所必需的环境和运行条件。数据完整性和安全性的程序，对出具的数据进行质量控制。

控制内容包括：

① 使用者开发的软件应被制成足够详细的文件，并加以验证；

② 要逐步开展对计算机软件的测评，以确保软件的功能和安全性；

③ 计算机操作人员应实行专职制，未经批准不得交叉使用；

④ 计算机硬盘应有备份，并建立定期刻录和电子签名制度；

⑤ 软盘、光盘、U 盘应由专人妥善保管，禁止非授权人接触，防止结果被修改；

⑥ 软件应有不同等级的密码保护；

⑦ 当很多用户同时访问同一个数据库时，系统应有几层不同级别的访问权，以确定对每个用户的开放性；

⑧ 检验检测机构应经常对计算机或自动化设备进行维护，确保其功能正常，并提供必需的环境和运行条件；

⑨ 防止病毒感染，当所使用的软件发生修改后，使用者应重新接受适当的培训。

机动车检验机构应有程序来保护和备份以电子形式存储的记录，并防止未经授权的侵入或修改。

十一、样品处置

① 检验检测机构应当制定和实施样品管理程序，规范样品的运输、接收、制备、处置、存储过程。

② 检验检测机构应当建立样品的标识系统，对样品应有唯一性标识和检验检测过程中的状态标识。应保存样品在检验检测机构中完整的流转记录，以备核查。流转记录包含样品群组的细分和样品在检验检测机构内外部的传递。

③ 检验检测机构在样品接收时，应对其适用性进行检查，记录异常情况或偏离。当对样品是否适合于检验检测存有疑问时，或当样品与所提供的说明不相符时，或者对所要求的检验检测规定得不够详尽时，检验检测机构应在开始工作之前问询客户，予以明确，并记录

下讨论的内容。

④ 检验检测机构应有程序和适当的设施避免样品在存储、处置和准备过程中发生退化、污染、丢失或损坏，如通风、防潮、控温、清洁等，并做好相关记录。应根据法律法规及客户的要求规定样品的保存期限。

⑤ 机动车检验的样品标识可直接使用具有唯一性的车辆识别代码和车辆号牌，或车架号。

十二、质量控制

检验检测机构应制定质量控制程序，明确检验检测过程控制要求，覆盖资质认定范围内的全部检验检测项目类别，监控检验检测结果的有效性、稳定性和准确性，确保结果质量。

1. 质量控制方式及计划制订、实施

① 主要质量控制方式有机构之间的比对、能力验证、测量审核。内部质量控制包括使用不同分析方法（技术）或同一型号的不同仪器对同一样品进行对比检测；由两个以上人员对保留样品进行对比检测；由同一操作人员对保留样品进行对比检测；在日常分析检测过程中使用的标准溶液的配置；用标准溶液在仪器测试过程中进行质量控制。

② 质量控制计划制订和实施：

a. 机构应在每年年底建立次年的质量控制计划，以确保并证明检测过程受控以及检测结果的准确性和可靠性，质量控制计划包括能力验证、测量审核和机构内部比对（如人员对比、方法比对、留样再测）。计划中还应包括判定准则和出现可疑情况时应采取的措施，且覆盖申请认可或已获得认可的所有检测技术和方法。

b. 技术负责人指定资深人员负责编写质量控制计划，技术负责人对计划进行审核并负责组织监督质量控制计划的实施。

c. 技术负责人对质量控制资料进行统计、分析，组织对上述活动的可行性和有效性进行评审。

d. 质量监督员监督检测人员完成上级下达的样品考核任务和比对、能力验证试验，督促实施内部质量控制要求，审核比对和能力验证试验的结果。

e. 检测人员：完成质量控制活动中应承担的检测工作，认真填写检测原始记录。

2. 质量控制方式及实施程序

（1）检验检测机构的比对、能力验证、测量审核

① 机构组织的能力验证活动，或下达的各检测实验室间比对检测任务，对此类任务应积极参加。

② 机构间比对的执行机构自行组织的与外部机构之间的比对试验，由技术负责人根据本机构的能力和外部机构做同样参数的检测项目比对，尽可能选择相同的检测方法进行。

③ 项目的选择：计量认证机构或主管机构下达的比对和能力验证试验计划所涉及项目，一般情况下必须参加。机构自行组织的比对和能力验证试验，项目由资深工程师制定并报技术主管审批，主要包括以下几方面内容：客户投诉项目；新开展的检测项目；无法溯源的仪器设备检测的项目；使用非标准检测方法的项目；其他技术水平要求较高或有必要的检测项目。

④ 试验的组织：明确比对和能力验证试验的任务后，联系参与比对和能力验证试验的

外部机构，安排比对和能力验证试验的时间，以及核算所需实验经费。比对和能力验证试验实施计划内容主要包括：试验的项目选择和时间安排。试验项目一般优先选择通过计量认证的机构参与机构间比对和能力验证。

（2）机构间的比对、能力验证、测量审核实施程序

① 在计量认证机构或主管机构组织的比对和能力验证试验中，技术部领取样品后，将其分发给各检测人员检测。

② 检验检测机构自行组织的比对试验中，根据计划要求准备数份同样的样品，一份作为检测任务下达给本检验检测机构分析，其他分送给参加比对和能力验证试验的外部检验检测机构委托检测。

③ 比对和能力验证试验任务下达后，由技术负责人负责组织实施，每次至少安排两名检测人员参加。

④ 参加比对和能力验证试验的检测人员在接到检测任务后，应以严谨的科学态度开展检测工作，包括检测环境的确认，仪器设备及有关消耗品的准备，检测过程的控制和检测结果的记录等。

⑤ 检测人员完成比对和能力验证试验任务后，以书面报告形式出具结果，交技术负责人汇总评价。

（3）检验检测机构内部质量控制方式

开发新方法前的质量控制：在开发新方法时，需要用不含目标物质的样品和标准样品去验证经样品准备和前处理后，不会引入目标物质。

（4）检验检测机构内部比对

① 在筹备开展新的测试项目时，机构组织有可能参加此项目的检测人员开展人员间比对和测试方法间比对。人员间比对和测试方法比对的评审需先进行 F 检验和 t 检验，两种检验都合格后，方可认为合格。当结果超出要求，出现不满意时，由技术负责人组织各检测人员查找原因，予以改进。

② 当某个测试项目参加人员有变动时，或作为新参加工作人员的岗前培训，机构应及时安排人员间比对实验，根据比对结果做出评审。

③ 当对测试结果的准确性或可靠性有怀疑时，实验室要及时安排并充分利用现有条件进行仪器间比对和不同方法间的比对。

④ 检测过程中应包括空白分析、重复检测、加标测试和控制样品的分析。

（5）日常检测过程中的质量监督控制

质量监督员不定期对测试方法进行质量控制，方法包括样品的加标回收，用 RM 标准进行测试控制，保留样品的重现性测试。一般回收率必须为 80%～120%。若超出此范围，需要查找原因，进行整改。针对质量监控的数据，需建立控制图，以便于观察其变化趋势，并根据实际情况每两个月制作质量控制图。

（6）非常规项目质量控制监督

应加强内部质量控制措施，必要时对系统进行全面的分析，包括使用标准物质或已知被分析物浓度的控制样品，然后进行样品或加标样品重复分析，确保检测结果的可靠性和准确性。

3. 质量控制管理的有效性评审

机构质量控制管理的有效性每年评审一次，确认其原理和理论是否正确、完整，有无缺

陷，操作上是否可行，方法上能否有所改进和补充，组织过程是否完善，并用于下一年度质控工作的改进（图 6-4）。

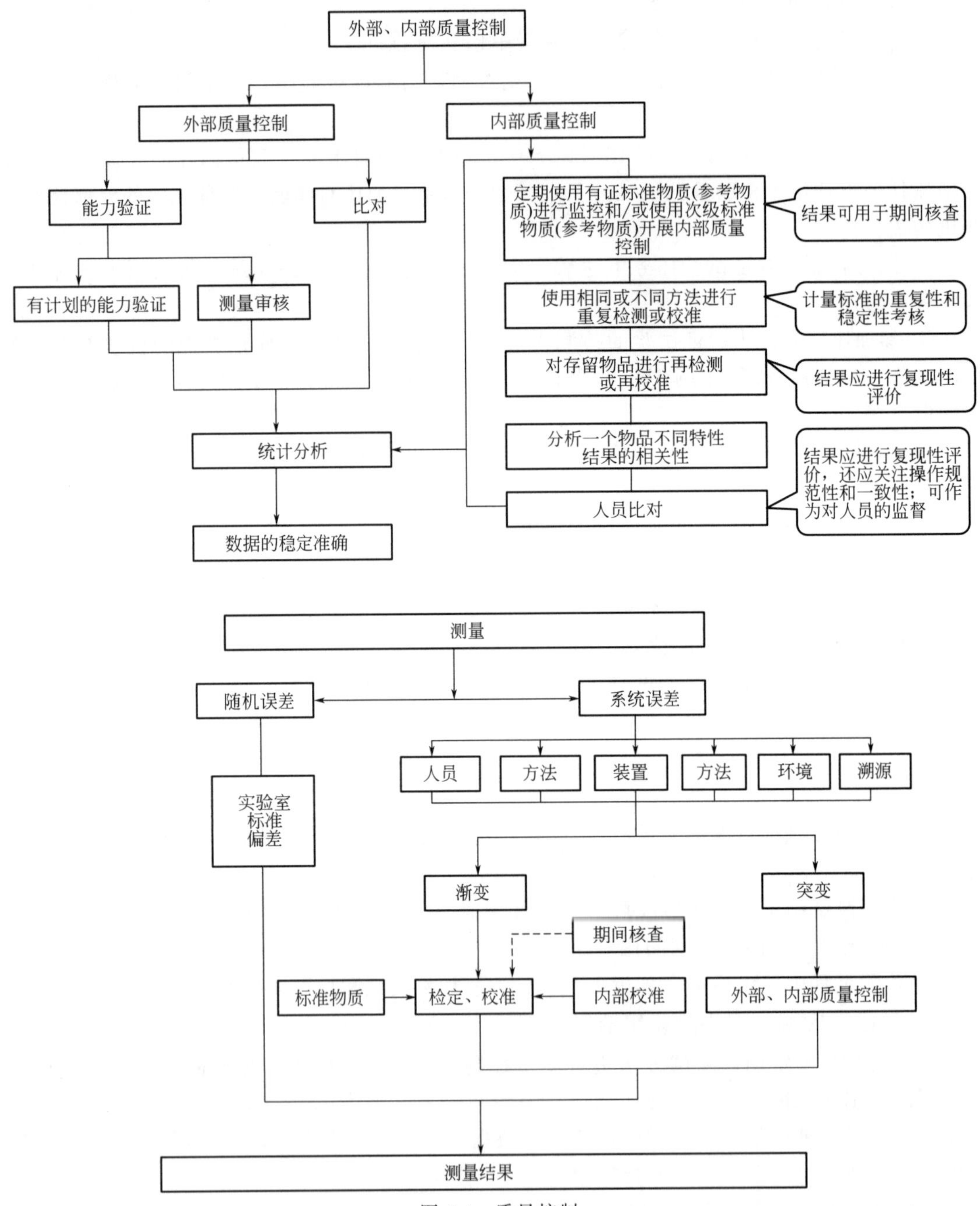

图 6-4 质量控制

检验检测机构可采用定期使用标准物质、定期使用经过检定或校准的具有溯源性的替代仪器、对设备的功能进行检查、运用工作标准与控制图、使用相同或不同方法进行重复性检验检测、保持样品的再次检验检测、分析样品不同结果的相关性、对报告数据进行审核、参加能力验证或机构之间比对、机构内部比对、盲样等进行监控。

检验检测机构应分析质量控制的数据，当发现质量控制数据超出预先确定的判据时（或发展趋势)，应采取有计划的措施来纠正出现的问题，并防止报告错误的结果。质量控制也应有适当的方法和计划并加以评价。

检验检测机构应建立和有效实施能力验证或者检验检测机构间比对程序，如通过能力验证或者机构间比对发现某项检验检测结果不理想时，应系统地分析原因，采取适宜的纠正措施，并通过试验来验证其有效性。

检验检测机构应参加资质认定部门所要求的能力验证或者检验检测机构间比对活动。

能力验证是利用检验检测机构间比对来确定其检验检测能力的活动，实际上它是为确保其维持较高检验检测水平的能力进行考核、监督和确认的一种验证活动。参加验证，可为检验检测机构提供评价其出具数据可靠性和有效性的客观证据。

1. 能力验证的作用

① 评价检验检测机构是否具有胜任其所从事的检验检测工作的能力，包括由检验检测机构自身、客户以及认可或法定机构等其他机构进行的评价；

② 通过检验检测机构能力的外部措施，来补充检验检测机构内部的质量控制程序（能力验证是外部质量控制措施，是对内部质量控制的补充）；

③ 这些活动也补充了由技术专家进行检验检测机构现场评审的手段，而现场评审被认可或法定机构所经常采用；

④ 增加了客户对其检验检测能力的信任，就其生存与发展而言，用户对其是否能够持续出具可靠数据是非常重要的（安检机构的用户或客户是车管所和车主）。

2. 能力验证的目的

① 确定检验检测机构某些特定检验检测的能力，以及监控检验检测机构的持续能力；

② 识别检验检测机构中的问题，并制定相应的补救措施，这些措施可能涉及诸如个别人员的行为或仪器的校准等；

③ 确定新的检验检测方法的有效性和可比性，并对这些方法进行相应的监控；

④ 识别检验检测机构的差距；

⑤ 确定某种方法的性能特征，通常称为协作试验；

⑥ 为参考物质（BM）赋值，并评价它们在特定检验检测程序中应用的适用性。

3. 能力验证的类型

① 检验检测机构间量值比对。量值比对所涉及的被测物品，是按顺序从一个参加机构传送到下一个机构。被测物品的指定值（参考值）由某个参考机构提供，该机构应尽量考虑由国家有关测量的最高权威机构（如国家计量院）承担（给予赋值或定值）；被测物品按顺序传递给下一个参加机构，在传递过程中应确保被测物品的稳定性，因此有必要在能力验证过程中对其进行校准，以保证特性及指定值不发生明显变化；量值比对的周期往往很长，因此应严格控制被测物品的传送时间和各参加者的测量时间，在比对实施过程中（而不是在整个比对结束后）应及时向参加机构反馈有关信息，例如以中期报告的形式；将测量结果与参加机构所确定的参考值相比较，应考虑各参加机构声明的测量不确定度。用此类比对的测量物品，可以包括参考标准（如电阻器、量规和仪器等）。

② 检验检测机构间检测比对。检测比对是从材料源中随机抽取若干样品，同时分发给参加机构进行检测（机动车安检机构间比对通常由一辆性能稳定的车辆，通过若干个机构之间在较短的时间内完成）。被测物品从样品集合中随机得到的；每轮比对中提供给参加者的

整批被测物品，必须充分均匀，以保证计划中所判别出的任何极端结果均不能归因于被测物品间存在着差异；将机构返回的结果与公议值比对，以表明各机构的能力和参加者整体的能力。

③ 分割样品检测比对。该检测计划包括把某种产品或材料的样品分成两份或多份，一般只有有限数量（通常是两个）的机构参加。此外，这类计划往往需要保留足够的材料，以便能通过其他机构的进一步分析来解决参加机构之间存在的差异。这类计划的用途包括识别不良的复现性或重复性，描述一次性偏移和验证纠正措施的有效性，以及用于监控临床实验和环境机构。参加该类计划的机构之一，可能因其采用标准方法和先进设备而被视为顾问机构或指导机构，其检验结果被认为是参考值。

④ 定性比对。评价机构的检测能力并不总是采用许多机构间比对，例如，某些比对是为了评价机构表征特定实物的能力（如识别石棉的类型、特定病原有机体等）。这类比对，可能包括比对协调者专门制备了额外目标组分的检测物品。因此，在性质上，这些比对是“定性”的，不需要多个机构参加比对。

⑤ 已知值比对。这是一种特殊的能力验证类型，不需要很多机构参加。它包括制备待测的、被测量值已知的检测物品，提供与指定值比对的数字结果等，以此来评价机构的检测/校准能力。

⑥ 部分过程比对。这是能力验证的一种特殊类型，是指评价机构对检测全过程中的若干部分的检测能力。例如，可以验证机构转换给定数据的能力（而不是进行实际的检测），或验证抽样、制备样品等部分能力。

4. 能力验证的实施

① 能力验证的组织机构。国家认证认可监督委员会、中国合格评定国家认可委员会、各省级质量技术监督局、各直属出入境检验检疫局和有关行业主管部门、行业协会、权威机构，都可以在一定范围组织开展能力验证工作。

② 能力验证纠正活动。在能力验证活动中出现不满意结果（离群）的机构，须依照能力验证纠正活动的要求进行整改。纠正活动程序如下。

a. 要求机构尽快寻找和分析出现离群的原因，开展有效的整改活动（有效的整改活动应包含对质量管理体系相关要素的控制，技术能力等方面的分析，以及进行相关的试验和有效地利用反馈信息等全面的活动），并将详细的整改报告以书面形式，在规定期限内提交认可或法定机构审查。

b. 认可或法定机构有关部门会同有关技术专家，根据机构的整改报告，做出是否认同机构进行了有效整改的结论。若认同，将安排后续验证，对机构的整改情况加以确认；若发现机构的整改中依旧存在问题，则派遣核查组对实验室进行现场核查。在现场核查中，若发现机构仍存在影响测量结果的严重问题，将建议暂停/撤销对该机构相关项目的认可。

c. 对于在限定期限内不提交报告而又无任何书面的理由陈述的机构，将视其为拒绝接受整改，依据有关规定对其进行处理，直至暂停/撤销该机构相关项目的认可。

③ 对能力验证的要求和评价。对申请认可的机构，在能力验证方面有以下 3 条基本要求：机构应有明确的职责以确保参加能力验证；机构应有参加能力验证的文件化程序；机构应执行上述程序，并能够提供证明其参加了能力验证活动的记录，以及对结果的有效利用。必要时，还应提供出现不满意（离群）时所采取的纠正活动的证明资料。在机构现场评审中，对能力验证的评价有以下 3 条原则：机构有明确的和职责保证参加能力验证，制定了完

善的质量文件并按程序执行，能够证明其参加过程并对结果进行了有效评价、分析及反馈，则评为符合；机构规定了职能保证参加能力验证，制定了完善的质量文件，但没有完全按程序实施，没有相关的记录，则评为有缺陷；机构没有规定明确的职责，也没有制定参加能力验证的质量文件，则评为不符合项。

5. 检验检测机构对比

检验检测机构间比对活动是指按照预定的条件，由两个或多个机构对相同或类似的被测物品进行检测的组织、实施和评价。

检验检测机构比对的作用：

① 确定机构进行特定测量的能力，以及对机构进行持续监控的能力；

② 识别机构存在的问题，并制定相应的纠正措施，这些措施可能涉及个别人员的行为或仪器的校准等；

③ 确定测量方法的有效性和可比性，并对这些方法进行相应的监控；

④ 增加机构用户的信心；

⑤ 识别机构的差异。

6. 能力验证与比对的区别

① 运用主体不同（需要权威机构的组织）。

任何机构或某个区域的机构作为主体都可以根据各自的需要组织机构间的比对活动；而能力验证活动要由认证认可机构或其他授权/认可的机构组织（权威机构）。

② 运用的依据不同。

机构比对可按照预先规定的条件进行，而能力验证需要根据《利用实验室间比对的能力验证》（ISO/IEC）进行，以确保能力验证计划的质量。

③ 评价内容（方式）不同。

能力验证活动必须由组织者对参加对象进行能力评价，而机构间比对往往是机构自己评价并只需要得到某个特定的结论。

十三、结果报告

1. 检验检测结果

① 检验检测机构应准确、清晰、明确和客观地出具检验检测报告或证书，可以书面或电子方式出具。检验检测机构应制定检验检测报告或证书控制程序，保证出具的报告或证书满足以下基本要求：

a. 检验检测依据正确，符合客户的要求；

b. 报告结果及时，按规定时限向客户提交结果报告；

c. 结果表述准确、清晰、明确、客观，易于理解；

d. 使用法定计量单位。

② 检验检测报告或证书应有唯一性标识。

③ 检验检测报告或证书批准人的姓名、签字或等效的标识和签发日期。

④ 检验检测报告或证书应当按照要求加盖资质认定标志和检验检测专用章。

⑤ 检验检测机构公章可替代检验检测专用章使用，也可公章与检验检测专用章同时使用；建议检验检测专用章包含五角星图案，形状可为圆形或者椭圆形等。检验检测专用章的

称谓可依据检验检测机构业务情况而定，可命名为检验专用章或检测专用章。

⑥ 检验检测机构开展由客户送样的委托检验时，检验检测数据和结果仅对来样负责。

机动车检验记录，还应该包括附件记录和路试记录，也包括电子形式存储的记录。检验记录应可通过纸质签名、电子媒介或者其他途径记录检验员个人身份标识并追溯到检验员。记录员个人身份标识具有唯一性，并保证安全，防止盗用和误用。

2. 结果说明

当客户需要对检验检测结果做出说明，或者检验检测过程中已经出现的某种情况需在报告做出说明，或对其结果需要做出说明时，检验检测机构应本着对客户负责的精神和对自身工作的完备性要求，对结果报告给出必要的附加信息。这些信息包括：对检验检测方法的偏离、增加或删减，以及特定检验检测条件的信息，如环境条件；相关时，符合（或不符合）要求、规范的声明；适用时，评定测量不确定度的声明。当不确定度与检测结果的有效性或应用有关，或客户的指令中有要求，或当不确定度影响到对规范限度的符合性时，还需要提供不确定度的信息；适用且需要时，提出意见和解释；特定检验检测方法或客户所要求的附加信息。

3. 意见和解释

当需要对报告或证书做出意见和解释时，检验检测机构应将意见和解释的依据形成文件。意见和解释应在检验检测报告或证书中清晰标注。

① 检验检测结果不合格时，客户会要求检验检测机构做出“意见和解释”，用于改进和指导。对检验检测机构而言，“意见和解释”属于附加服务。对检验检测报告或证书做出“意见和解释”的人员，应具备相应的经验，掌握与所进行检验检测活动相关的知识，熟悉检测对象的设计、制造和使用，并经过必要的培训。

② 检验检测报告或证书的意见和解释可包括（但不限于）下列内容：

a. 对检验检测结果符合（或不符合）要求的意见（客户要求时的补充解释）；

b. 履行合同的情况；

c. 如何使用结果的建议；

d. 改进的建议。

4. 结果传送和格式

当需要使用电话、传真或其他电子（电磁）手段来传送检验检测结果时，检验检测机构应满足保密要求，采取相关措施确保数据和结果的安全性、有效性和完整性。当客户要求使用该方式传输数据和结果时，检验检测机构应有客户要求的记录，并确认接收方的真实身份后方可传送结果，切实为客户保密。必要时，检验检测机构应建立和保持检验检测结果发布的程序，确定管理部门或岗位职责，对发布的检验检测结果和数据进行必要的审核。

5. 修改

检验检测报告或证书签发后，若有更正或增补应予以记录。修订的检验检测报告或证书应标明所代替的报告或证书，并注以唯一性标识。

① 当需要对已发出的结果报告做更正或增补时，应按规定的程序执行，详细记录更正或增补的内容，重新编制新的更正或增补后的检验检测报告或证书，并注以区别于原检验检测报告或证书的唯一性标识。

② 若原检验检测报告或证书不能收回，应在发出新的更正或增补后的检验检测报告或

证书的同时，声明原检验检测报告或证书作废。原检验检测报告或证书可能导致潜在其他方利益受到影响或者损失的，检验检测机构应通过公开渠道声明原检验检测报告或证书作废，并承担相应责任。

机动车检验报告不得做任何的修改和增加内容。如需要对检验报告进行修改或者增加内容，应将报告收回、作废，并出具新的报告。

6. 记录和保存

检验检测机构建立检验检测报告或证书的档案，应将每一次检验检测的合同（委托书）、检验检测原始记录、检验检测报告或证书等一并归档。检验检测报告或证书档案的保管期限应不少于 6 年，若评审补充要求另有规定，则按评审补充要求执行。

① 检验检测原始记录、导出数据、检验检测报告、证书的副本等技术记录至少应保存 6 年（即一个资质认定周期）。若评审补充要求另有规定，则按评审补充要求执行。

② 对于纠正与预防措施、管理评审、内部审核等质量记录，考虑作为原始记录、报告、证书可靠性证据，也应保存 6 年。

③ 有关法律法规对原始记录和结果报告、证书的保存期限规定超过 6 年的，电子档案保存期限应不少于 10 年。检验检测机构应满足这些规定。

机动车检验报告的存放，可以在保证安全性、完整性、可追溯性的前提下，可使用电子形式存储的记录和报告，代替纸质文本存档。

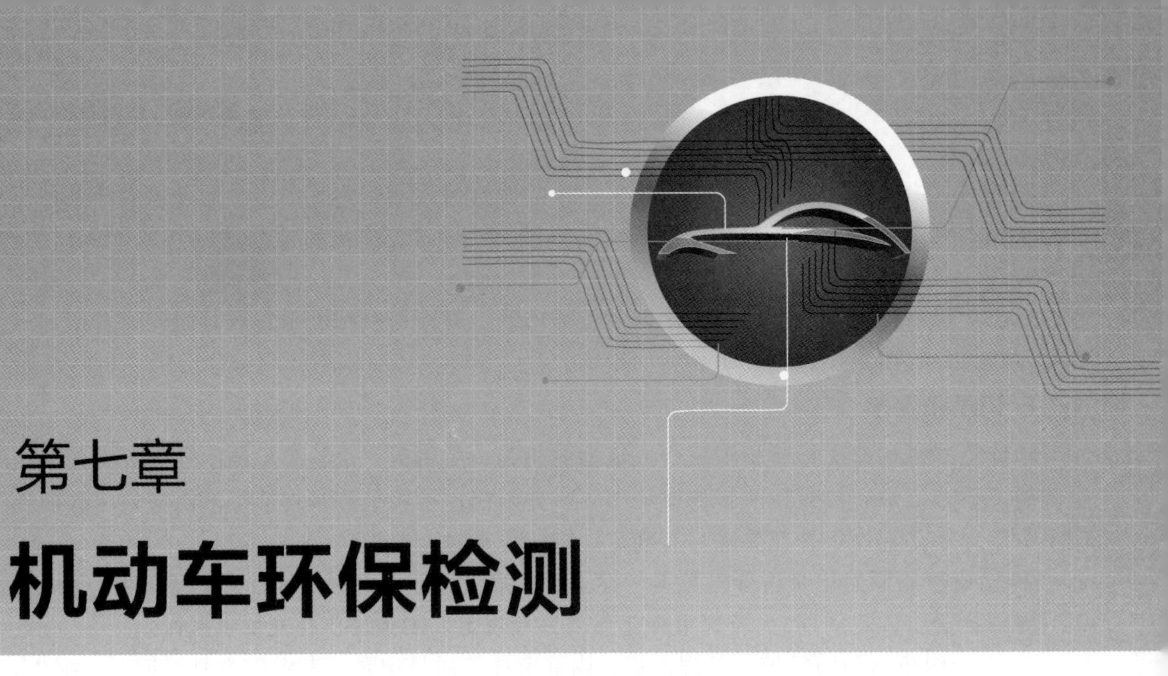

第七章 机动车环保检测

机动车环保检测站以公正、权威的非当事人身份，根据有关法律、标准等对机动车进行排放检验。

第一节 检验流程

一、汽油车在用车检验

汽油车在用车排放检验按照《汽油车污染物排放限值及测量方法（双怠速法及简易工况法）》（GB 18285—2018）执行，具体检验流程见图 7-1。

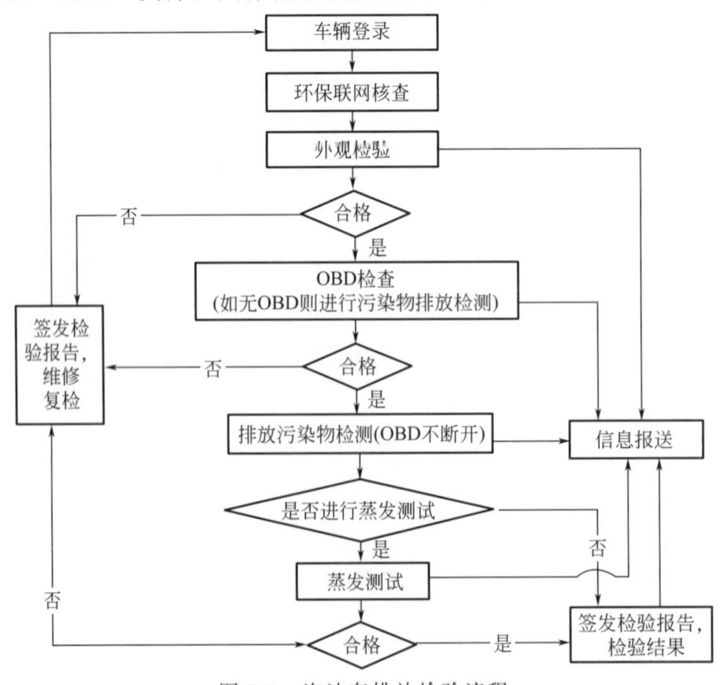

图 7-1 汽油车排放检验流程

二、柴油车在用车检验

柴油车在用车检验按照《柴油车污染物排放限值及测量方法（自由加速法及加载减速法）》（GB 3847—2018）执行，具体检验流程见图 7-2。

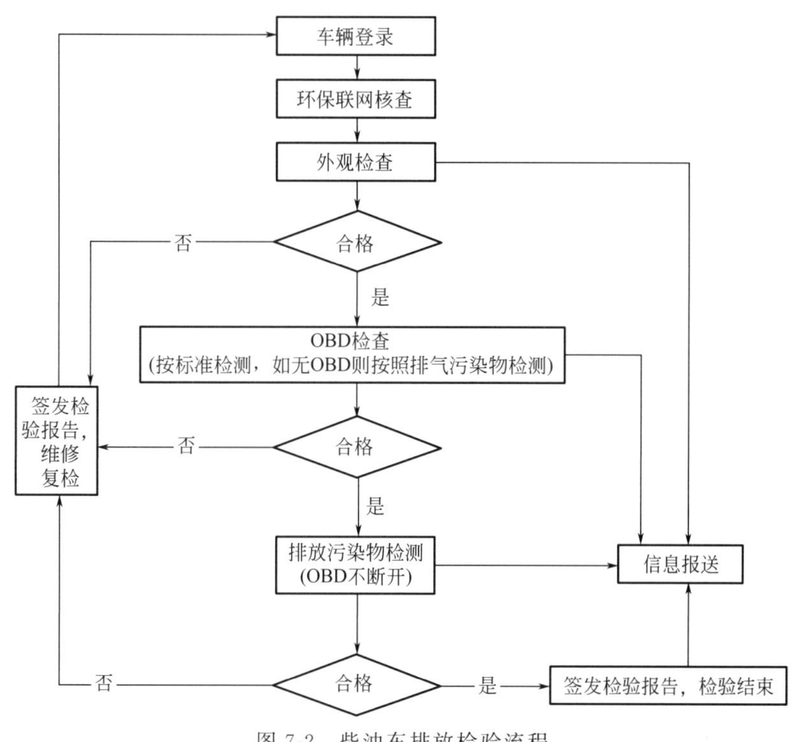

图 7-2　柴油车排放检验流程

第二节　检测方法

一、外观检测员

① 维护好外检区的检测秩序。

② 指导客户填写车辆登记表。

③ 对照行驶证信息，确认外观检测表内容和车辆信息是否相符。

④ 检查轮胎有无明显缺气，左右气压是否一致，轮胎有无裂痕及划伤，是否夹有杂物及过多沙石。

⑤ 检查车辆进、排气系统，发动机变速箱和冷却系统，不得有任何破损、泄漏，车辆的发动机、变速箱和冷却系统等应无液体渗漏。

⑥ 确定车辆驱动形式，断开 ABS 和防侧滑（ASR），和引车员做好交接，提醒引车员驱动形式。

⑦ 检查车辆的机械状况，无影响安全或引起试验偏差的机械故障。

⑧ 关闭空调、暖风、音响等附属装备，装备牵引力控制装置的车辆应关闭牵引力控制

装置。受检车辆不能载客，也不能装载货物。

⑨ 判断受检车辆所适用的检测方法。

二、登录员

① 熟悉汽车检测工艺流程、检测业务和检测技术。

② 熟练操作计算机，熟悉本公司的检测业务范围内的机动车相关参数，耐心答复、解释送检车辆单位提出的询问，做好对外窗口的文明服务。

③ 开启计算机及服务器电源，对设备进行预热，并填写开机记录。

④ 信息录入做到迅速而准确。

⑤ 核对外检单信息，对照车辆行驶证信息，确定检测方法，并准确无误地录入信息并入库。

⑥ 对外地转入、异地委托审验的车辆，应符合相关检测要求，并留行驶证或车辆登记证书证书复印件。

⑦ 严格遵守《安全用电管理制度》和《登录计算机操作规程》。

三、操作员

操作员负责计算机仪器的操作，引导引车员、辅助岗位人员完成检测工作。

1. 设备预热

① 在开检前半小时打开控制柜后面的电源开关，开启计算机、测控仪和尾气分析仪，启动检测程序，按照计算机提示输入正确的操作员用户名和密码进入检测程序，进行检测系统预热，测功机预热时间为10min，分析仪预热时间为15min。填写开机记录。

② 对台架进行加载滑行和空载滑行试验（每天一次），填写使用记录并上传。

③ 对五气分析仪进行校准（调零，密封性检测，低流量检测，每天一次），填写使用记录并上传。预热完毕后，五气分析仪进入清零、检漏程序，此时应堵住尾气取样探头，检漏过程为17s，如有漏气，系统会提示“有泄漏，请堵塞取样探头”，并重复进行检漏程序；如无漏气，系统会提示“无泄漏”。

④ 对流量计进行校准和自检（流量检测，流量计量程检测，每天一次），填写使用记录并上传。

2. 车辆检测

① 进入检测程序：输入操作员代码，进入车辆信息界面，等候引车员将车辆开上台体。

② 准备：向引车员收取外检单，核对被检车辆外检单，确认检测方法，放下举升板，让引车员将车辆摆正并进行相应的车辆预热。

③ 选择车辆：对照外检单和上线车辆，从“待检记录”里面选择车辆，认真检查车辆信息，核对检测系统的信息与外检单是否相符，车牌号码、车牌颜色与本车是否一致，是否延缓，基准质量与驱动形式信息是否相符等。检查无误后，正确输入引车员姓名。

④ 开始检测：辅助员插好取样探头及辅助设施后，点击“开始检测”。密切注意被检车辆的状态，发现异常情况及时警告及切断电源。检测完毕后，将外检表交还引车员。

⑤ 检测结束：升起举升板，发出检测结束指令，示意车辆驶出台架。

注意事项：操作员在检测过程中要随时注意车辆及周围的情况，发现异常情况及时警告及切断电源。操作员每天要记录设备的运转情况，发现异常及时报告技术负责人。设备需要定期进行标定，根据计算机提示距下次标定的时间提前在下午下班后进行标定。每天下班前检查电源是否关闭。

四、辅助岗位人员

① 抬起检测车间入口挡杆，示意引车员驶入车辆。车辆驶入后及时放下挡杆。

② 核对外检单，确认检测方法，并将外检单递交给操作员。

③ 引车员将受检车辆驶入台架并摆正车辆位置后，在非驱动轮垫入垫块，在合适位置插好防侧滑装置；前驱车必须将防侧滑装置插在最靠近前轮端面的两侧。

④ 核查排气管有无泄漏，以免影响采气管采气，造成数据不准确。

⑤ 车辆停稳后将发动机冷却装置靠近车辆发动机进风口 500～1000mm 处（不得影响尾气排放的采集），打开风机电源开关，调整气流方向角使其处于最佳位置，并锁止脚轮以防移动。

⑥ 插入采样探头（简易瞬态工况的套入流量计套管，双怠速检测的应接入油温传感器和速传感器），双排气管的要插入双探头，插入深度为 400mm，并固定。

⑦ 接转速仪，点烟器信号灵敏的，转速仪连线直接插入点烟器，在点烟器中无法取得转速信号的，将连接线接在蓄电池的正负极，油温传感器插入发动机机油尺管内。

⑧ 发出准备完毕信号，并站立在受检车辆后侧，及时关注受检车辆状况；车辆检测期间，禁止非工作人员进入检测场所。

⑨ 检测完毕后，拿出垫块，拔出限位装置，将探头及流量计套管放回指定摆放地。

⑩ 收起油温传感器和转速传感器。抬起检测车间出口挡杆，示意检测完毕。

五、引车员

引车员必须是专职驾驶员，必须持有符合准驾车型的驾驶证驾驶车辆，应该熟悉各种车辆的基本性能和驾驶操作要领。

1. 基本操作流程

① 核对外检单，要按照外检单的内容对车辆的离合、油门、制动踏板和灯光开关等性能状态进行确认，检测前关闭车内空调、冷热风、收音机、ABS 等设施，并确认检测方法。

② 待检区车道车辆限速 15km/h，注意邻近车辆动向，以防发生刮碰事故；禁止倒车及逆向行驶。

③ 检测车间车辆限速 5km/h，保持安全车距，原则上不准倒车。

④ 检测车辆沿车道标线行进，将受检车辆缓慢驶入车间，积极配合操作员，按提示及时正确操作，不得拖延。

⑤ 接受操作员发出的指令，按照司机助的屏幕提示开始操作。

⑥ 检测完毕时等操作员发出指令后缓慢将汽车驶离台架。

2. 按照不同检测方法划分操作程序

在待检车位接车，从送检人手中接过外检表查看是否已交费和登录。查看外检表，确认车辆检测方法。查看外检表的详细内容，对车况进行全面了解，不熟悉的车型向车主及外检员详细了解车况，并要询问车主是否缺机油，水温表工作是否正常，注意倾听发动机有无异响，查看水温、机油表的状态。

六、常见车型 OBD 接口位置

常见车型的 OBD 接口位置见表 7-1 和图 7-3。

表 7-1 常见车型的 OBD 接口位置

序号	车型	接口	位置
1	爱丽舍	OBD 诊断头	在驾驶员左护板侧保险盒内
2	奥迪 A6	OBD 诊断头(大众奥迪系统)	在驾驶员左护板侧
3	奥迪 V6	2+2 诊断头(大众奥迪系统)	在发动机舱保险盒内
4	北京吉普 2033	OBD 诊断头	在发动机舱内左侧
5	北京吉普 2500	OBD 诊断头	在驾驶员左护板侧
6	北京现代索娜塔	OBD 诊断头	在油门踏板上方
7	本田雅阁	OBD 诊断头	在仪表板下方
8	别克君威	OBD 诊断头	在油门踏板上方
9	昌河北斗星	OBD 诊断头(不同电脑用不同系统)	在油门踏板上方
10	昌河海豚	OBD 诊断头(德尔福系统)	在保险盒附近或在油门踏板上方
11	昌河汽车	OBD 诊断头(德尔福系统)	在保险盒附近或在油门踏板上方
12	大宇	12 孔诊断座	在右侧工具箱右侧
13	飞度	OBD-Ⅱ诊断座	在驾驶员方向盘下面
14	丰田佳美	丰田-1、丰田-2 诊断头	在发动机舱内右侧减振器附近或驾驶室内保险盒附近
15	福特翼虎吉普	OBD 诊断头(无 OBD 信号)	在驾驶员左护板侧
16	哈飞 7160	OBD 诊断头(五菱 N1 电脑)	在刹车踏板上方
17	哈飞路宝 7100	OBD 诊断头	在前右座下面
18	哈飞路宝 7110	OBD 诊断头(五菱 N1 电脑)	在前右座下电脑处
19	哈飞	OBD 诊断头(德尔福系统)	在保险盒附近或在油门踏板上方
20	汉江伊美	OBD 诊断头(德尔福系统)	在保险盒附近
21	华洋汽车	OBD 诊断头(德尔福系统)	在驾驶员左侧保险盒附近
22	吉利豪情	丰田的诊断头	在发动机舱内左后方
23	吉利美日	OBD 诊断头(M1.5.4 系统)	在保险盒附近
24	羚羊世纪星	OBD-Ⅱ诊断座	在驾驶员仪表板下方
25	马自达 M6	OBD-Ⅱ诊断座	在驾驶员左护板侧
26	帕萨特 2.0	OBD 诊断头(帕萨特系统)	在手刹车右侧
27	帕萨特 B4	OBD 诊断头(帕萨特系统)	在仪表盘右下方的装饰板内
28	奇瑞 QQ(三缸)	用 OBD 接头(西门子系统)	在右侧储物箱下方
29	奇瑞 QQ(四缸)	三孔诊断头(联电系统或大众系统)	在驾驶员左侧保险盒附近
30	奇瑞风云 7160ES	三孔诊断头(玛瑞利系统)	在发动机舱内中间的刹车泵附近

续表

序号	车型	接口	位置
31	奇瑞风云 7160EX	三孔诊断头(玛瑞利系统)	在发动机舱内中间的刹车泵附近
32	秦川福莱尔	OBD 诊断头(不同电脑用不同系统)	在驾驶员右侧工具箱下电脑旁
33	桑塔纳 2000	OBD 诊断头(大众奥迪系统)	在排挡杆前方
34	桑塔纳 99 新秀	OBD 诊断头(大众奥迪系统)	在排挡杆前方
35	时代超人	OBD 诊断头(大众奥迪系统)	在驾驶员左护板侧
36	松花江	OBD 诊断头(德尔福系统)	在保险盒附近
37	天籁	OBD-Ⅱ诊断座	在驾驶员左护板侧
38	五菱	摩托罗拉系统的诊断头	对于在用 OBD 诊断头不兼容时,请换用 E-100 欧宝/赛欧诊断头
39	五菱扬光	OBD 诊断头(五菱系统,不同电脑,系统也可能不同)	在电脑附近
40	五菱之光	OBD 诊断头(系统根据不同发动机和所配的电脑有所不同)	在驾驶员右侧座下或在电脑附近
41	一汽红旗	OBD 诊断头(一汽红旗系统)	在驾驶员左护板侧
42	一汽佳宝	OBD 诊断头(德尔福系统)	在保险盒附近或前右门附近
43	一汽捷达	OBD 诊断头(大众奥迪系统)	在保险盒右侧附近
44	悦达起亚	汽车诊断座为 20 孔的,上面 4 个,中间 8 个,下面也是 8 个	在电脑附近
45	长安奥托	OBD 诊断头(联电系统)	在驾驶员左侧保险盒附近
46	长安福特	OBD 诊断头	在驾驶员左护板侧
47	长安镭蒙	OBD 诊断头(联电二代系统)	在驾驶员左侧保险盒附近
48	长安欧雅	三孔诊断头(联电系统)	在驾驶员座下中间横梁左侧
49	长安之星	三孔诊断头(联电系统)	在蓄电池负极附近
50	中华	OBD 诊断头	在保险盒附近或在油门踏板上方

图 7-3 常见车型 OBD 接口位置一览

第三节 仪器检查

一、 Vmas 排放气体测试仪日常检查

1. 范围

适用于《汽油车污染物排放限值及测量方法（双怠速法及简易工况法）》（GB 18285—2018）中 Vmas 法使用的排放气体测试仪的日常检查。

2. 检查用标准气体

（1）零点标准气体

① O_2=20.8%。

② HC<1×10^{-6}。

③ CO<1×10^{-6}。

④ CO_2<2×10^{-6}。

⑤ NO<1×10^{-6}。

⑥ 其余为 N_2，纯度 99.99%。

（2）低浓度标准气体

① C_3H_8=50×10^{-6}。

② CO=0.5%。

③ CO_2=12.0%。

④ NO=300×10^{-6}。

⑤ 其余为 N_2，纯度 99.99%。

（3）高浓度标准气体

① C_3H_8=500×10^{-6}。

② CO=5.0%。

③ CO_2=16.0%。

④ NO=2000×10^{-6}。

⑤ 其余为 N_2，纯度 99.99%。

3. 检查项目

气体浓度示值误差及响应时间；转化效率。

4. 检查环境条件

① 温度：0～40℃。

② 相对湿度：0～85%。

③ 大气压力：86～106kPa。

5. 技术要求

（1）汽体浓度示值误差

按照《汽油车污染物排放限值及测量方法（双怠速法及简易工况法）》（GB 18285—

2018）附录DA中排放气体测试仪的相关技术要求，确定气体浓度示值误差，见表7-2。

表7-2 气体浓度示值误差

气体种类	测量范围	示值允许误差	
		相对误差/%	绝对误差
HC	$(0\sim2000)\times10^{-6}$	±3	$\pm4\times10^{-6}$
	$(2001\sim5000)\times10^{-6}$	±5	—
	$(5001\sim9999)\times10^{-6}$	±10	—
CO	$(0\sim10.00)\times10^{-2}$	±3	$\pm0.02\times10^{-2}$
	$(10.01\sim14.00)\times10^{-2}$	±5	—
CO_2	$(0\sim16.0)\times10^{-2}$	±3	$\pm0.3\times10^{-2}$
	$(16.1\sim18.0)\times10^{-2}$	±5	—
NO	$(0\sim4000)\times10^{-6}$	±4	$\pm25\times10^{-6}$
	$(4001\sim5000)\times10^{-6}$	±8	—
NO_2	$(0\sim400)\times10^{-6}$	±4	$\pm25\times10^{-6}$
	$(401\sim500)\times10^{-6}$	±8	—
O_2	$(0\sim25.0)\times10^{-2}$	±5	$\pm0.1\times10^{-2}$

注：表中所列绝对误差和相对误差，满足其中一项要求即可。

（2）响应时间

① 当CO和NO_x传感器的响应时间比规定值超出1s时，系统应报警，提示需维修，但不认为检查失败；

② 当CO和NO_x传感器的响应时间比规定值超出2s时（即$t_{90,CO}\geqslant5.5s$、$t_{10,CO}\geqslant5.7s$、$t_{90,NO_x}\geqslant6.5s$、$t_{10,NO_x}\geqslant6.7s$、$t_{90,O_2}\geqslant7.5s$、$t_{10,O_2}\geqslant8.5s$），则认为检查失败，应锁止分析仪；

③ 对于O_2分析仪，如果响应时间在7天内都超过12s，认为检查失败，应锁止分析仪。

（3）转化效率

转化效率不小于90%。

6. 检查方法

仪器按照说明书开机预热，用橡胶堵头堵住采样探头入口处进行泄漏检查。

① 泄漏检查通过后，采用标准气体进行检查。首先通入零点标准气体，对排放气体测试仪进行调零，然后采用低浓度标准气体，分析仪自动检查并输出读数，确定该读数是否满足准确度要求。若检查不通过则应该使用高浓度标准气体标定，再使用低浓度气体检查，直到满足要求为止。当排放气体测试仪的读数与标准气体的差值超过技术要求，过大则检查不通过，仪器锁止，逾期不执行时，排气分析仪也应自动锁止。

CO、CO_2、O_2、NO及NO_2相对误差计算公式如下。

$$\delta=\frac{c-c_s}{c_s}\times100\%$$

式中 δ——相对误差，%；

c——仪器气体浓度示值，$\times10^{-6}$；

c_s——标准气体浓度，$\times10^{-6}$。

CO、CO_2、O_2、NO 及 NO_2 绝对误差计算公示如下。

$$\Delta=c-c_s$$

式中 Δ——绝对误差，$\times10^{-6}$。

GB 18285 的要求不一致，需要把 HC 除以 PEF 转成 C_3H_8。

HC 相对误差计算公式如下。

$$\delta=\frac{c-c_s\times PEF}{c_s\times PEF}\times100\%$$

式中 PEF——丙烷/正己烷当量系数。

绝对误差计算公示如下。

$$\Delta=c-c_s\times PEF$$

② 转化效率核查方法按照 GB 18285 附录 C. 5. 8 实施。

7. 检查结果的判定及处理

① 如果排放气体测试仪的读数与标准气体的差值不超过技术要求，则本次检查通过，表明被检查的排放气体测试仪处于受控状态，可继续使用。

② 如果排放气体测试仪的读数与标准气体的差值超过技术要求，则本次检查不通过，表明被检查的排放气体分析仪技术指标超出预期使用要求，应立即停止使用。对被检查的排放气体测试仪技术状态异常情况进行分析、查找原因，可更换检查方法及增加检查点，必要时应进行维修或更换并重新进行检定或校准。

③ 转化器的转化效率不小于 95%。

8. 检查频次

CO、CO_2、HC、O_2、NO 及 NO_2 示值误差每 24h 至少进行 1 次日常检查，CO、O_2、NO 及 NO_2 响应时间每日至少进行 1 次日常检查，当检查数据处于临界状态或对结果有怀疑时，可适当增加检查频次。

转化器的转化效率需定期进行检查，每周至少测试一次。

9. 原始记录格式

排放气体测试仪日常检查记录格式见表 7-3。

表 7-3 排放气体测试仪日常检查记录格式

编号：

<table>
<tr><td rowspan="3">被检查仪器设备</td><td>名称</td><td>排放气体测试仪</td><td>型号规格</td><td></td></tr>
<tr><td>出厂编号</td><td></td><td>PEF 当量系数</td><td></td></tr>
<tr><td>周期检定/校准起止时间</td><td colspan="3">20 年 月 日～ 20 年 月 日</td></tr>
<tr><td rowspan="3">所使用的标准气体</td><td>出厂编号</td><td>气体浓度</td><td>不确定度/%</td><td>证书编号</td></tr>
<tr><td></td><td>$O_2=20.8\%$，$HC<1\times10^{-6}$，$CO<1\times10^{-6}$，$CO_2<2\times10^{-6}$，$NO<1\times10^{-6}$，$NO_2<1\times10^{-6}$</td><td>1</td><td></td></tr>
<tr><td></td><td>$C_3H_8=50\times10^{-6}$，$CO=0.5\%$，$CO_2=12.0\%$，$NO=300\times10^{-6}$（根据标准气体实际数值修改）</td><td>1</td><td></td></tr>
</table>

续表

	出厂编号	气体浓度	不确定度/%	证书编号
所使用的标准气体		$NO_2=200\times10^{-6}$（根据标准气体实际数值修改）	3	
		$C_3H_8=500\times10^{-6}$，$CO=5.0\%$，$CO_2=16.0\%$，$NO=2000\times10^{-6}$（根据标准气体实际数值修改）	1	
		$NO_2=200\times10^{-6}$（根据标准气体实际数值修改）	3	
		$NO_2=300\times10^{-6}$（采用转化器方式的仪器使用，且上述2瓶NO_2气体不需配置）		

测量过程描述：

采用标准气体进行日常检查，根据GB 18285—2018要求，气体浓度示值误差应满足相关技术要求，响应时间应满足相关技术要求，记录检查点示值并计算误差

本次检查日期	20　年　月　日	检查人		核验人	
检查环境条件	温度：　℃　相对湿度：　%　大气压力：　kPa				
泄漏检查	□通过，□不通过				

标准值	测量值			平均值	绝对误差	相对误差
	1	2	3			
$O_2=20.8\%$						
$O_2=0.0\%$						
$HC=50\times10^{-6}\times PEF$						
$CO=0.5\%$						
$CO_2=12.0\%$						
$NO=300\times10^{-6}$						
$NO_2=200\times10^{-6}$						
$HC=500\times10^{-6}\times PEF$						
$CO=5.0\%$						
$CO_2=16.0\%$						
$NO=2000\times10^{-6}$						
$NO_2=200\times10^{-6}$						

CO响应时间		O_2响应时间		NO响应时间		NO_2响应时间	
转化效率（转化炉方式）	$\alpha=$						

数据分析判断及结论：

按照GB 18285—2018规定，该仪器示值误差满足相应技术要求，响应时间满足相应技术要求，仪器可继续使用

按照GB 18285—2018规定，该仪器示值误差不满足相应技术要求，响应时间不满足相应技术要求，仪器不能继续使用，维修后重新检定方可继续投入使用

技术负责人签字：

年　月　日

二、氮氧化物 NO_x 分析仪日常检查

1. 范围

适用于《柴油车污染物排放限值及测量方法（自由加速法及加载减速法）》（GB 3847—2018）中 Lugdwon 使用的氮氧化物（NO_x）分析仪的日常检查。

2. 检查用标准气体

（1）零点标准气体

① $O_2=20.8\%$。

② $NO<1\times10^{-6}$。

③ $NO_2<1\times10^{-6}$。

④ $CO_2<2\times10^{-6}$。

（2）低浓度标准气体

① $NO=300\times10^{-6}$。

② $NO_2=50\times10^{-6}$。

③ $CO_2=2\%$。

（3）高浓度标准气体

① $NO=3000\times10^{-6}$。

② $NO_2=600\times10^{-6}$。

③ $CO_2=12\%$。

3. 检查项目

气体浓度示值误差及 NO_x 传感器的响应时间。

4. 检查环境条件

① 温度：0～40℃。

② 相对湿度：0～85%。

③ 大气压力：86～106kPa。

5. 技术要求

按照《柴油车污染物排放限值及测量方法（自由加速法及加载减速法）》（GB 3847—2018）中氮氧化物（NO_x）分析仪的相关技术要求，确定控制限为气体浓度示值相对误差不超过±4.0%或绝对误差不超过$\pm25\times10^{-6}$。

转化效率不小于 90%。

6. 检查方法

① 采用标准气体进行检查。首先通入零点标准气体，对排放气体测试仪进行调零，然后采用低浓度标准气体通入氮氧化物（NO_x）分析仪进行检查。若检查不通过，则应使用高浓度标准气体通入氮氧化物（NO_x）分析仪进行标定，同时对 NO_x 分析仪传感器的响应时间（t_{90} 和 t_{10}）进行计算和检查，当 $t_{10}\geqslant6.7s$、$t_{90}\geqslant6.5s$ 时，则检查不通过，仪器锁止。

使用高浓度标准气体进行标定后，还应使用低浓度标准气体进行检查。

相对误差计算公式如下。

$$\delta=\frac{c-c_s}{c_s}\times100\%$$

式中　δ——相对误差，%；

c——分析仪气体浓度示值，$\times10^{-6}$；

c_s——标准气体浓度，$\times10^{-6}$。

绝对误差计算公示如下。

$$\Delta=c-c_s$$

式中　Δ——绝对误差，$\times10^{-6}$。

② 转化效率核查方法：启动气泵，使用气袋，通过转化炉向分析仪通入低浓度一氧化氮标准气体，待分析仪示值稳定后，读取氮氧通道的示值。之后，使用气袋，通过转化炉向分析仪通入二氧化氮标准气体，读取氮氧通道的示值。重复测量 3 次。

$$C\cdot NO_{2\,Corr}=\overline{C\cdot NO_{2d}}-(\overline{C\cdot NO_d}-C\cdot NO_s)$$

式中　$C\cdot NO_{2Corr}$——二氧化氮标准气体测量值的修正值，$\times10^{-6}$；

$\overline{C\cdot NO_{2d}}$——二氧化氮标准气体 3 次测量值的平均值，$\times10^{-6}$；

$\overline{C\cdot NO_d}$——1 号标准气体 3 次测量值的平均值，$\times10^{-6}$；

$C\cdot NO_s$——1 号标准气体的标称值，$\times10^{-6}$。

$$\alpha=\frac{C\cdot NO_{2\,Corr}}{C\cdot NO_{2s}}\times100\%$$

式中　α——NO_2-NO 转换率，%；

$C\cdot NO_{2Corr}$——二氧化氮标准气体测量值的修正值，$\times10^{-6}$；

$C\cdot NO_{2s}$——二氧化氮标准气体的标称值，$\times10^{-6}$。

7. 检查结果的判定及处理

① 如果 $|\Delta|\leqslant4\%$ 或 $\delta\leqslant25\times10^{-6}$，则本次检查通过。表明被检查的氮氧化物（$NO_x$）分析仪处于受控状态，可继续使用。

② 如果 $|\Delta|>4\%$ 或 $|\delta|>25\times10^{-6}$，则本次检查不通过。表明被检查的氮氧化物（NO_x）分析仪技术指标超出预期使用要求，应立即停止使用。对被检查的氮氧化物（NO_x）分析仪技术状态异常情况进行分析、查找原因，可更换检查方法及增加检查点，必要时应进行维修或更换并重新进行检定或校准。

③ 转化炉的转化效率不小于 90%，则本次检查通过。如果转化炉的转化效率小于 90%，则本次检查不通过，需更换转换剂并重新进行检查。

8. 检查频次

每 24h 至少进行 1 次日常检查，当检查数据处于临界状态或对结果有怀疑时，可适当增加检查频次。

转化炉的转化效率需定期进行检查，建议 1 个月进行 1 次检查。

9. 原始记录格式

氮氧化物（NO_x）分析仪日常检查记录格式见表 7-4。

表 7-4 氮氧化物（NO_x）分析仪日常检查记录格式

编号：

被检查仪器设备	名称	氮氧化物(NO_x)分析仪	型号规格	
	出厂编号		最大允许误差	±4.0%或±25×10^{-6}
	周期检定/校准起止时间	20　年　月　日～　20　年　月　日		
所使用的标准气体	出厂编号	气体浓度	不确定度/%	证书编号
		$O_2=20.8\%$，$NO<1\times10^{-6}$，$NO_2<1\times10^{-6}$	1	
		$NO=300\times10^{-6}$，$CO_2=2.0\%$（根据标准气体实际数值修改）	1	
		$NO_2=50\times10^{-6}$（根据标准气体实际数值修改）	3	
		$NO=3000\times10^{-6}$，$CO_2=12.0\%$（根据标准气体实际数值修改）	1	
		$NO_2=600\times10^{-6}$（根据标准气体实际数值修改）	3	

测量过程描述：

采用标准气体进行日常检查，根据 GB 3847—2018 要求，气体浓度示值误差应满足$|\Delta|>4\%$，或$|\Delta|>25\times10^{-6}$，记录检查点示值并计算误差

本次检查日期	20　年　月　日	检查人		核验人	
检查环境条件	温度：　℃　相对湿度：　%　大气压力：　kPa				

标准值	测量值			平均值	绝对误差	相对误差
	1	2	3			
$NO=3000\times10^{-6}$						
$CO_2=2.0\%$						
$NO_2=600\times10^{-6}$						
$NO=300\times10^{-6}$						
$CO_2=12.0\%$						
$NO_2=50\times10^{-6}$						
NO_x 传感器的响应时间		t_{10}		t_{90}		
转化效率(转化炉方式)	$\alpha=$					

数据分析判断及结论：

按照 GB 3847—2018 规定，该仪器示值误差为满足相关技术要求，响应时间满足相关技术要求，仪器可继续使用

按照 GB 3847—2018 规定，该仪器示值误差不满足相关技术要求，响应时间不满足相关技术要求，仪器不能继续使用，维修后重新检定方可继续投入使用

技术负责人签字：

年　月　日

第四节　机动车排放检验机构

一、典型机动车排放检验机构布局

按照《检验检测机构资质认定能力评价　检验检测机构通用要求》（RBT 214—2017）和《检验检测机构资质认定能力评价　机动车检验机构要求》（RBT 218—2017）设计布局，如图 7-4 和图 7-5 所示。

图 7-4　检验检测机构总体布局示意

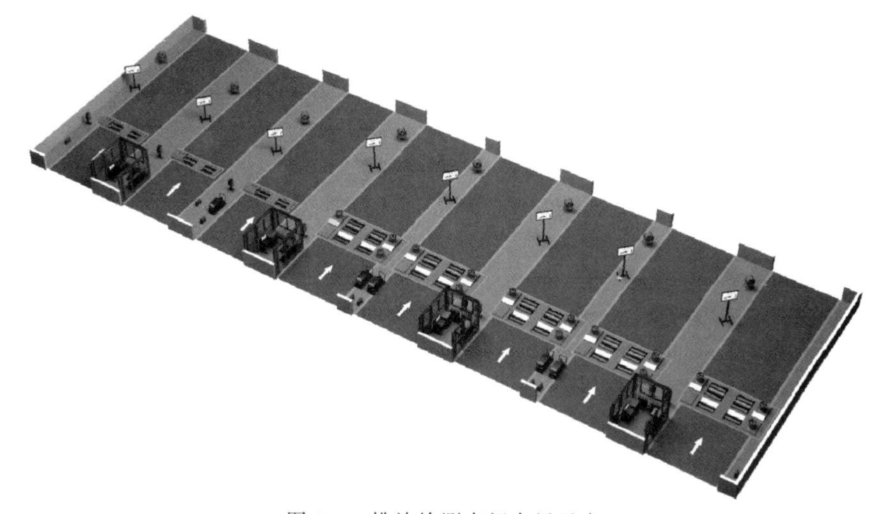

图 7-5　排放检测车间布局示意

二、各类人员岗位职责

1. 总经理职责

① 全面负责检测公司的生产、技术、质量、人事、行政、财务、安全、后勤等各项

工作。

② 贯彻执行党和国家的方针、政策及有关法令、法规、条例和标准，制订本单位的发展规划和工作计划，做好检测人员的教育培训计划，提高检测人员技术素质。

③ 负责本单位各项规章制度的制定、修改、审定工作，并贯彻执行，签发以检测中心名义发送的各种文件。

④ 负责处理检测工作中重大技术问题和有关质量事故的申诉、调处工作。

⑤ 负责本单位全体职工的思想政治工作，制订教育培训计划，关心职工生活。

⑥ 定期召开办公会，及时解决工作中出现的问题。

⑦ 副总经理必须认真完成总经理部署的各项工作。

2. 技术负责人岗位职责

① 在经理室的领导下，全面负责本单位的技术工作，定期向经理室汇报技术管理情况。

② 贯彻国家有关机动车辆质量检测诊断方面的方针、政策及技术标准，负责编制相应的技术文件。

③ 掌握与研究汽车检测技术发展方向，制订检测技术长远和近期发展计划。

④ 主持检测各系统的技术鉴定与验收工作，拟定技术管理制度和《检测操作规程》。

⑤ 及时解决检测中存在的技术问题，在检测诊断过程中出现重大难题时，主动协助经理室仲裁和处理。

⑥ 决定技术部门内部的工作调配和工作安排，组织制定内部管理制度，对内部设计的技术文件、图纸等进行审定。

⑦ 负责本单位职工的技术培训与考核工作。

⑧ 负责本单位所有设备仪器、电气、消防器材、气管、水管、油管路的使用、保养和维修，经常检查各种设备的工作情况，防患于未然，编制各种设备和报废更新改造计划，上报审批。

⑨ 负责检测原始记录和检测报告的签发工作。

⑩ 负责技术档案资料的管理和保密工作。

⑪ 负责技术咨询与服务工作。

⑫ 负责本单位的计量管理工作。

3. 质量负责人岗位职责

① 宣传贯彻国家有关机动车辆检测的方针、政策法律、法令和技术标准，牢固地树立“质量第一”的观念。在站长的领导下，负责检测诊断质量工作。

② 制定、修改质量保证体系有关规定，领导并监督本单位职工认真执行《质量管理手册》，定期向经理室汇报质量管理工作。

③ 经常检查和督促操作人员严格执行《检测实施细则》和《检测操作规程》等诊断工艺规程，发现问题及时与技术负责人联系，以取得圆满解决。

④ 对检测质量有争议的，负责处理，对出现的重大问题，主动协助站长仲裁；负责处理检测诊断质量事故，及时向站长汇报。

⑤ 参与并负责设备、仪器更换、使用、报废的审定及新设备的验收工作。

⑥ 协助技术负责人组织有关人员做好设备精度的标定及维修工作。

⑦ 完成经理室交办的各项任务。

4. 质量监督员岗位职责

① 负责进行质量信息的收集和分析工作，定期向质量负责人汇报质量情况，及时反映问题。

② 对检测工作质量进行日常监督，发现有不符合规定的情况，有权进行终止检测，并向质量负责人汇报，协助质量负责人进行客户投诉和意见调查分析工作。

③ 参加质量问题的分析工作和内部质量审核工作。

④ 督促检测车辆按检测程序进行检测，调度车辆有顺序进入各检测工位。

⑤ 加强文明生产管理，检查督促各工位操作人员做好设备日常保养及卫生工作。

⑥ 完成领导交办的各项任务。

5. 外观检测员岗位职责

① 外观检测员必须有很强的责任心，本着对车主负责的态度为车主服务，指导客户填写车辆登记表，维护好外检区的检测秩序。

② 对照行驶证信息，确认外观检测表内容和车辆信息是否相符。

③ 查验环保随车清单内容与信息公开内容是否一致。

④ 检查车辆污染控制装置是否与环保信息随车清单一致。

⑤ 检查被检车辆的车况是否正常。如有异常，应要求车主进行维修。

⑥ 检查车辆是否存在烧机油或者严重冒黑烟现象，如有，应要求车主进行维修，检查车辆油箱和油品是否异常。

⑦ 检查燃油蒸发控制系统连接管路的连接是否正确、完整。如果发现有老化、龟裂、破损或堵塞现象，应要求车主进行维修，对单一燃料的燃气汽车不需要进行此项检验。

⑧ 检查发动机排气管、排气消声器和排气后处理装置的外观及安装紧固部位是否完好，如发现有腐蚀、漏气、破损或松动的，应要求车主进行维修。

⑨ 关闭车辆上空调、暖风等附属设备；中断车辆上可能影响测试正常进行的功能，如ARS、ESP、EPC牵引力控制或自动制动系统等。受检车辆不能载客，也不能装载货物。

⑩ 检查车辆是否配置有OBD系统。

⑪ 判断车辆是否适合进行简易工况法检测，如不适合（例如无法手动切换两驱模式的全时四驱车等），应标注。进行简易工况法检测的，应确认车辆轮胎表面应干燥、清洁、无夹杂异物，轮胎气压是否正常。

⑫ 变更登记、转移登记检验时应查验污染控制装置是否完好。

6. 登录员岗位职责

① 熟悉汽车检测工艺流程、检测业务和检测技术。

② 熟练操作计算机，熟悉本公司的检测业务范围内的机动车相关参数，耐心答复、解释送检车辆单位提出的询问，做好对外窗口的文明服务。

③ 开启计算机及服务器电源，对设备进行预热，并填写开机记录。

④ 信息录入做到迅速而准确。

⑤ 核对外观检测单信息，对照车辆行驶证信息确定检测方法，并准确无误地录入信息并入库。

⑥ 对外地转入、异地委托审验的车辆，应符合相关检测要求，并留行车证或车辆登记证书证书复印件。

⑦ 严格遵守《安全用电管理制度》和《登录计算机操作规程》。

7. 检测人员岗位职责

① 坚守岗位，秉公办事。

② 严格工艺规程，精心操作，认真记录，不得以权谋私，弄虚作假。对疑问数字要及时复检，做到数据准确可靠。

③ 坚持设备专人操作制，未经领导同意不得替岗。

④ 检测过程中对设备、仪器、仪表有疑难问题应及时向技术负责人或质量负责人反映，不得任意乱拆、乱动。

⑤ 每天做好设备、仪器的班前准备工作，班后做好整洁保养工作，确保设备完好。

⑥ 积极配合技术人员做好设备的维修、校正、标定及试验等工作。

⑦ 努力钻研检测技术知识，不断提高业务水平，按期接受技术培训和考核。

8. 引车员岗位职责

① 严格遵守本单位各项管理制度，按照检测程序规定，依次驾车进入各检测工位。

② 安全驾驶车辆。接车时注意车辆异常动态，发现有危害安全的因素有权责令退出检测线。

③ 努力提高驾驶水平，熟练、认真操作各种型号车辆。

④ 严格执行检测操作规程，听从检测程序或检测员指令，做好各个项目的检测工作。

⑤ 在检测过程中不得弄虚作假，接受用户监督，交接车时对用户热情、负责。

⑥ 协助检测线做好文明生产工作。

⑦ 做好领导交办的各项任务。

9. 设备管理员岗位职责

① 定期负责检查仪器设备检定/校准的有效期，确保设备均在有效期内，及时向质量负责人汇报即将检定/校准到期的设备。

② 定期对设备进行维护保养工作，确保设备的正常运行。

③ 如设备出现故障，组织人员进行检查并汇报技术负责人及质量负责人，协助其进行设备的维修工作。

④ 如有设备接近报废期限，应及时向质量负责人汇报。

⑤ 应熟练掌握仪器设备的原理，参加相关的培训，提高业务水平。

10. 资料管理员岗位职责

① 为了加强检测中心技术档案、技术情报、技术资料（以下简称资料）的管理，特制定本制度。

② 检测中心建立资料室，由资料负责人主持管理，并设专职资料员管理资料室日常工作。

③ 以下资料应该长期保存：

a. 检测中心建设的有关报告（或其副本）、计划及上级批复等；

b. 国家和地方有关机动车检测工作的政策文件；

c. 国家和部门有关机动车检测的技术及其他可供参考的标准等；

d. 有关机动车检测的各种规程、规范及方法等；

e. 仪器仪表设备的台账、说明书、计量合格证、检定规程、校验方法、图纸、工作文件、技术条件及验收、使用、维修、报废等记录；

f. 检测中心的各种管理规章制度；

g. 检测人员的个人技术档案；

h. 科技图书、报纸、杂志等；

i. 其他应长期保存的有关资料。

④ 以下资料的保管理不少于两年：

a. 各类车辆的检测报告及原始记录；

b. 客户反馈意见及其处理结果；

c. 检测报告等各种空白单据、报表的发放记录；

d. 具有参考价值的情报资料；

e. 其他参考价值的情报资料。

⑤ 按以下办法收集资料：

a. 凡属检测中心资料室收集范围的材料均应在资料室集中保管；

b. 专职资料员应积极主动收集有关资料；

c. 各部门均应配备兼职资料员，形成情报网络，协助资料室收集各种资料；

d. 本中心全体人员尤其是科技工作人员都有为资料室建设，积极提供资料或资料源情报的义务；

e. 外出开会、参观、学习等活动，带回的有关资料应送交资料室集中保管；

f. 外单位（或个人）赠送或信函索回的资料应送资料室集中保管理；

g. 因工作需要购买的图书、刊物等送交资料室登记编号后再进行借阅；

h. 各部门的各种记录均应定期整理装订成册送交资料室集中保管；

i. 资料室收到各种资料均应予以签收登记；

j. 对积极提供资料、为资料室建设做出显著贡献的人员应予表扬和奖励。

⑥ 按以下办法保管资料：

a. 所有资料均应分类、编号、逐册登入总目录和部分目录，并贴上标签；

b. 资料的存放位置应与分类、编号保持一致，不得混乱；

c. 编制全部资料的索引卡片，做到简明明了，以便查找；

d. 入橱资料均应装订整齐，完好无损；

e. 保护资料，注意防尘、防潮、防火、防鼠。

⑦ 按以下程序修改资料：

a. 资料的修改内容要慎重决定；

b. 凡需修改资料都要填写“资料修改申请单”；

c. 申请单位中心资料负责人签字批准后生效；

d. 按有效申请单由申请人修改资料，并在修改处标注申请单编号。

⑧ 过期资料的销毁以下程序进行：

a. 过期资料的销毁工作每两年进行一次，并由中心负责人主持，不准私处理；

b. 由专职资料员按预定保管期整理并列出“过期资料清单”；

c. 由技术、质量负责人对过期资料进行审定；

d. 由技术质量负责人签署意见报中心负责人签字方可销毁；

e. 由专职资料员将销毁日期在总目录和目录中加以标注；

f. 销毁清单由资料室永久保存。

⑨ 按以下办法使用资料：

a. 所存资料一般只供本中心内部人员查阅，查阅资料时均需填写“资料查阅登记单”；

b. 查阅资料一般只在资料室内进行，若要将资料借出资料室则需填写“资料借阅申请单”并经资料负责人签字批准后生效；

c. 资料一般不予复印，若确需复印时，则要填写资料复印申请单，并经资料负责人签字批准后生效；

d. 外单位人员查阅资料需要填写“资料援阅通知单”，并由资料负责人签字后生效，一律谢绝单位人员将资料借出资料室；

e. 登记单、申请或通知单上的“使用效果”栏要在使用完毕时补填。

⑩ 资料室管理：

a. 保持安静、整洁，不得喧哗与打闹；

b. 爱护资料、财物，不得随意、涂写、刻划；

c. 无意损坏，应及时采取补救措施；

d. 遗失一般性资料，一经查实，要严肃处理；

e. 遗失重要资料，将提请中心给予纪律处分。

⑪ 资料室保密措施：

a. 资料室门、窗、橱柜等设施应完好牢固，严防失窃；

b. 资料员应保持高度的责任心，谢绝闲人，离岗要锁门；

c. 凡属机密材料均应标注“机密”字样，并专柜秘密存放；

d. 未经允许，非资料室人员不得进入资料室；

e. 查阅人员只能翻看索引片，指定资料后资料员开橱取出；

f. 查阅人员要将所有借阅资料妥善保管，限期归还，需要继续使用的应办理续借手续，以防资料丢失，借阅人不得将资料转借他人；

g. 检测中心的所有人员，不得将内部资料及情况传与他人。

11. 网络维护员管理制度

① 熟悉掌握计算机的维护、维修技术。

② 定期做好计算机的数据备份工作，确保数据的安全性。

③ 指导各岗位工作人员运用计算机的业务水平。

④ 对检测线的整体网络布局及各工位的检测程序熟悉掌握。

⑤ 对数据进行分析管理，确保数据的传输稳定性和准确性。

⑥ 出现计算机及网络故障，及时进行排查，做好恢复工作。

⑦ 做好领导交办的各项工作。

12. 检测公司廉政制度

① 不得利用工作之便索要、收受各种礼品及小费。

② 不得利用工作之便徇私舞弊或为难用户，出具虚假报告。

③ 发现上述现象，或接到举报、投诉，应及时查明情况，严肃处理。

④ 无法拒绝而收取的礼品如数交公，统一办理。

⑤ 实行有奖举报，保护举报人。

⑥ 加强管理，经常组廉政教育。

三、检测机构管理制度

1. 检测车间管理制度

① 检测中心全体人员工作期间，一律穿统一服装，佩戴工号牌，坚守工作岗位。

② 上班前做好全部准备工作，保证检测工作正常进行，发现问题及时向领导汇报处理。

③ 严格遵守操作程序，严格执行检测标准，精心操作、认真记录，不弄虚作假，各工位主动协调配合。

④ 自觉遵守安全制度和有关规定，注意自身及他人安全，不得违章作业。

⑤ 正确使用设备、仪器、工具。在检测中发现有异常情况及影响检测质量因素应及时报告，不得擅自拆卸检测设备和不按操作方法调整。

⑥ 严禁任何人从仪器、平台和滚筒上踏步而过，以免损伤机具及发生意外事故。

⑦ 下班后与节假日，必须切断电源，关好门窗及整理好工具用具，以保证检测线内的安全。

⑧ 检测线设置的消防设施，应经常检查，任何人不得私自移位，不得挪作它用。

⑨ 全体人员一律按有关验车制度办理、坚持原则、秉公办事、谢绝敬烟、不吃请、不受礼。

⑩ 非检测线内人员不得进入检测线，非仪表操作人员不得进入仪表室和动拿检测仪器、工具。

⑪ 禁止将与检测工作无关的物品带入检测线，一经查出，一律没收。

⑫ 每日检测结束后，检测操作人员必须对所负责的设备、仪器进行清洁和必要的保养工作。

⑬ 全体人员认真做好本职工作，文明服务，方便用户，接受群众监督。

⑭ 加强学习，遵守国家的法令、法规和规范，不断提高检测服务质量。

2. 年度报告管理制度

① 本公司向委托方出具受检车辆安全技术状况检验结果报告，根据相关法律法规的规定，属许可类证明文件，其真实性直接关系到人民生命财产安全和相应的法律责任，为此应向许可和委托部门如实汇报经营管理、质量技术管理、车辆安全技术状况、发现和存在的问题等情况，并形成长期有效机制以满足要求。

② 认真做好各类经营管理和质量技术管理相关活动的日常记录，作为年度报告的输入内容，由办公室计划和组织，各职能部门实施。

③ 年度管理评审结束后，由办公室组织人员汇总全年的记录资料撰写上报材料，冠名为“年度工作总结”，上报时限不得超过次年的 2 月 28 日。

④ 年度工作总结的主要内容为：

a. 经营行为、质量管理措施、人员培训、服务功能等情况的汇总；

b. 各检测类别、各车辆类型的年检测总数，以及各类车辆的整体安全技术状况，如一次检验合格车辆占总车辆数的比例，构成车辆不合格的主要项目及共性问题，在进行客观分析的基础上提出防范措施和合理建议。

3. 安全生产责任制度

① 全体人员必须树立“安全第一”的思想，重视消防工作，严格执行消防条例实施细

则，落实消防措施，确保检测安全。

② 领导要督促检查消防工作，经常检查消防设施，使之保持良好状态。

③ 全体人员必须严格执行安全操作规程，严禁违章指挥，违章操作。

④ 非电工不得擅自拆装电气设备、仪器，不得乱接电线。

⑤ 电工必须对检测安全用电负责，定期对电源线路、电气设备进行安全检查，防止漏电，预防电气火灾事故发生。

⑥ 爱护消防设施，无火警时不得随意挪用。

⑦ 发生火灾时要及时报警、扑救，并保持现场。

4. 事故分析报告制度

① 检测过程中发生下列情况之一即按事故处理。

a. 被检车辆车主或单位提供的技术资料丢失或失密，检测报告丢失或失密。

b. 由于人员、检测设备、仪器、检测条件不符合工作要求、测试方法错误、数据差错而造成的检测结果错误。

c. 不负责任地填写检测结果，不合格的检测结果更改为合格或合格项目填写不合格。

d. 检测过程中发生人身伤亡。

e. 检测过程中发生设备、仪器损失。

f. 检测过程中由于引车员引起车辆损失。

② 凡违反规定所造成的事故按其经济损失大小分为以下几种。

a. 经济损失。

小于等于 100 元为小事故；101～1000 元为一般事故；1001～5000 元为大事故；大于 5000 元为重大事故。

b. 人身伤亡。

一人受伤休工小于等于 3 天为小事故；一人受伤休工在 3～30 天之间为一般事故；三人休工 1～6 个月为大事故；三人以上受伤休工 6 个月以上或一人致残或死亡为特大事故。

c. 事故的处理。

重大、大事故发生后，应立即采取有效措施，防止事态扩大，抢救伤员，并保护现场 24h 内发出报告；事故发生后 2 天，由检测中心填写事故单报上级主管部门；事故发生后 5 天内，由中心负责人会同有关部门本着“三不放过”的原则进行处理；重大、特大事故发生后 1 周内，由中心负责人向主管局写出事故处理报告。

5. 异常情况处理制度

① 在测试过程中，仪器、设备发生故障或出现异常情况，操作员应立即停机，切断电源，向质量负责人汇报，及时处理。

② 在检测过程中，发生突然停电，应立即切断总电源以防意外。

③ 发生意外情况影响检测结果，按质量体系中有关规定处理，并记录备案，必要时应重新测试。

④ 遇有维修质量纠纷的车辆送检时必须请示行管处批准后方可检测、鉴定，防止发生不必要的麻烦。

6. 客户抱怨受理制度

① 用户对检测质量的申诉由质量负责人收集处理。

② 发现质量申诉立即进行处理。

③ 发生异议时，质量负责人应与检测员一起检查，核对原始数据是否正确，测试仪器和设备是否完好，测试方法是否正确，环境条件是否符合要求，召集有关人员，分析确定处理方法、方案。

④ 如上述检查均符合要求，则维护原始数据的正确性，驳回异议的上诉。如再有异议则报有关主管部门仲裁。

⑤ 如上述检查有一项不符，则可确定为数据有误，并宣布无效，进行重检。

⑥ 与申诉者协商进行复测，同时校正检测仪器、设备。

⑦ 由质量负责人监督检测全过程，出具复检报告，通知申诉者。

⑧ 因本站原因造成质量申诉，费用由本站负担，非本站原因一切费用由申诉者负责。

⑨ 检测工作质量申诉处理的全部资料均作为技术档案交档案员保管。

7. 重大安全隐患制度

① 为进一步落实安全责任，切实加强重大事故隐患的排查整治工作，及时消除事故隐患，防患于未然，特制定本制度。

② 本制度所称事故隐患是指可能导致人身伤亡或造成重大经济安全事故隐患。

③ 如经过检测人员检查发现该车有重大维修质量的安全隐患时，需填写安全隐患报告单，填写相关的车辆信息及该车的质量问题和安全隐患，由送检人员签字确认，再由检测站填写处理意见提交给市运管处。

④ 对及时发现、积极整改并有效防止事故发生的检测员，应给予表彰和奖励。

⑤ 对存在重特大事故隐患隐瞒不报的检测员应予批评教育，情节严重的将进行处罚，对多次隐瞒不报的将调离其岗位。

8. 审核报告制度

① 由质量负责人每季度组织有关人员对同期的检测报告进行审核。审核的内容包括：

a. 核对原始记录是否完整，数据是否正确；

b. 检测报告的内容与原始记录是否一致；

c. 数据转换、计算处理结果是否正确合理，必要时应进行复算；

d. 检测结果、结论是否准确、合理；

e. 是否使用法定计量单位；

f. 报告的编制是否规范、完整、清晰。

② 当发现检测报告有缺陷时，严格按照《质量手册》规定，采取相应的措施。

③ 每次检测报告会审须形成会议记录并存档。

9. 人员培训制度

（1）培训目标

① 参与质量体系运作的人员应了解的熟悉质量体系中相关要求，增强质量意识。

② 技能培训参加人数每年不少于20%，检验人员应熟悉专业知识和操作技能，提高技能水平，降低工作中的失误率。

（2）培训需求

① 新进人员或岗位轮换人员应进行上岗培训。

② 经考核不合格人员应待岗培训。

③ 标准、规范等变更，检测任务更新时，涉及人员应适时培训。

④ 根据检测任务、市场和业务的发展对人力资源的现状及需求、持证上岗的需要与法律法规的规定，结合本公司人员状况，进行人力资源需求分析。

（3）培训程序

① 识别需求→制订计划→准备→实施→记录、考核、小结→归档（个人技术档案）→有效性评价。

② 每年初由技术负责人根据人力资源的需求分析，编制年度人员培训计划（包括培训内容、培训形式、对象、时间、考核内容和形式）。培训计划经公司经理批准后列入本公司年度工作计划，由技术负责人按计划组织实施。

③ 培训的内容为各岗位所需的应知应会的培训，包括法律法规、标准知识、专业知识、质量管理知识、计量知识、抽样方法与理论、误差理论、数据处理、职业道德规范、作风纪律等。

④ 培训的形式可以是上级主管部门组织的培训、公司内部组织的培训、专家讲座、参观学习等。

⑤ 培训由办公室做好实施准备，包括培训教材、场地、讲课人等，并做好实施情况记录及记录归档工作。

⑥ 对培训中的人员应进行适当监督。

10. 人员考核制度

① 为证实人员的能力能够胜任本职工作，应对各类人员进行不定期考核。考核可单独进行，也可结合培训同时进行，考核内容可以为培训的相关内容。考核由技术负责人负责实施，根据考核的内容制定可量化的考核细则，对人员胜任本职工作的能力包括技能、经验、业绩做出评价。

② 技术负责人应组织有关人员，通过对员工解决问题的能力和工作效率的提高、学以致用、比对试验和能力验证的结果等方面，对培训的有效性进行评价。

③ 评价结果作为编制下年度培训计划的依据和管理评审的输入。

④ 所有参加培训的人员，由办公室填写“人员培训记录表”，注明培训人员的姓名、培训时间、培训内容、培训单位、培训地点及培训考核情况等。参加外培的人员培训结束后，应将培训合格有关证书交办公室，在专业人员技术档案中记录培训情况。

11. 检测仪器设备采购、使用、报废制度

为防止外部服务和供应品采购的质量对检验结果造成影响，来自外部检定/校准服务应有采购、验收和储存要求。特制定本制度。

（1）检测室负责人

① 列出本部门所使用的供应品目录和质量要求。

② 制定供应品验收的作业文件。

③ 组织实施供应品的验收。

（2）质量负责人

① 对供货商的质量资质进行调查；

② 对检定/校准机构的质量资质进行调查。

（3）仪器设备管理员

① 将仪器设备送往具有质量资质且符合要求的机构进行检定/校准。

② 对采购的耗材进行储存、保管和发放。

③ 定期向检测室负责人提交即将报废的设备（超出使用期限的标准气体）清单，并申请设备的报废和销毁。

（4）采购供应人员

应按照检测室提出的质量、数量和供货时间要求进行设备及耗材采购。

四、安全和内务管理程序

1. 目的

为保证员工在工作期间的健康和客户与本站财物的安全，使本站的工作环境符合良好有序的要求，特编制本程序。

2. 范围

客户与本站的安全，员工的健康，内务卫生和环境保护。

3. 职责

① 办公室负责人应负责建立：

a. 员工安全和健康的措施并逐一落实；

b. 客户和本站财产的安全措施；

c. 本站的环保措施并逐一落实；

d. 本站的安全与内务管理程序。

② 部门负责人应负责：

a. 建立本部门的安全措施并贯彻执行；

b. 维护本部门所辖区内的安全、内务、卫生与环保。

③ 监督员应对本站的安全、环保与卫生实施监督检查。

④ 质量负责人应负责维护本文件的有效性。

4. 程序

（1）检测室安全

① 办公室负责人应负责组织建立本站活动中对人员、设备设施和检测物品的各项安全措施。安全措施应考虑以下领域里的各项因素：用水用电的控制；用火的控制；物品防丢失和防失密的措施；易燃、易爆品的控制；毒品和腐蚀品的控制；搬运吊装运输的控制；其他因素。

② 安全措施应规定出使用程序、操作步骤、监控手段、施救措施。安全措施应由各部门负责人制定后组织实施。在使用现场，安全措施应用“警示”标识予以表示。

③ 各室应有自己的安全值班员或监督员，负责日常活动时的安全监督。

④ 监督员负责维护责任区内安全设施的完好性，必要时应对各种安全设施进行定期检查和记录并将检查结果向技术负责人报告。监督员有权利中止一切违反安全的作业活动。

⑤ 全体员工应自觉遵守和维护本站的安全制度与设施，在遇到或发现险情后有责任实施救助。

⑥ 仪器设备管理员应按照《仪器设备管理程序》和《测量可溯源控制程序》对安全监控设施及监控器具实施必要的管理。

（2）环境保护与员工健康

① 技术负责人应对本站的废水、废物、废气、射线、噪声等有可能构成环境污染和员工健康、安全的影响因素实施排放控制。对有可能危害员工安全的作业应建立员工安全防护措施。

② 有关室负责人应督促员工佩戴和实施防护设施，达不到安全要求的应停止作业。

③ 质量监督员应对安全防护要求的实施进行监督。

（3）内务卫生

① 办公室负责人应负责建立本站的内务卫生管理制度，并对本站内务卫生进行监督检查。

② 部门负责人应协助办公室做好本部门所辖范围内的内务卫生管理。

③ 进入本站的外来人员应由办公室负责登记和接待，在获准后由办公室指定专人陪同参观访问。这种访问应不影响检测工作为前提，否则应采取措施严禁非检测人员进入检测区。

④ 本站禁止一切与检测无关的物品进入试验区使用、摆放和储存。

（4）意外事故的一般处理程序

① 当员工在作业时发生意外人身伤亡事故时，本站的任何人员应根据伤亡程度立即实施救助措施。当施救无效时可呼救附近任何人员帮助拨打“120”紧急救助电话求助。采取救助的同时，应设法通知本站的领导做善后处理。

② 当出现诸如火灾、水灾、燃油或化学品泄漏、环境污染等蔓延性灾害时，任何员工都有责任、义务和权利采取防止灾害蔓延的一切施救措施。同时应呼救人员帮助救助。当施救无效时可拨打“119”火警紧急救助电话求助。在采取救助的同时，应设法通知本站的领导做善后处理。

③ 当出现仪器设备或设施损坏时，当事人应采取措施防止损害继续蔓延，保护现场并及时报告本站的任何一级领导，做好损坏现场的记录。

④ 当出现或发现被检物品损坏或丢失时，当事人应立即向本站的技术负责人报告，采取必要的补救措施，防止其他物品再次出现类似情况。做好损坏/丢失现场的记录。

⑤ 当检验中出现停电、停水、停气等影响检测的故障时，检验员应首先对仪器设备和被检物品实施保护措施，防止仪器设备和物品损坏，同时做好现场记录，向技术负责人报告。

参考文献

［1］ 中华人民共和国道路交通安全法（2011年4月22日中华人民共和国主席令第四十七号）.

［2］ 中华人民共和国大气污染防治法（2015年8月29日中华人民共和国主席令第三十一号）.

［3］ 中华人民共和国道路交通安全法实施条例（2004年4月28日中华人民共和国国务院令第405号）.

［4］ 中华人民共和国道路运输条例（2016年2月6日中华人民共和国国务院令第666号）.

［5］ 检验检测机构资质认定管理办法（2015年4月9日国家质量监督检验检疫总局令第163号）.

［6］ 道路运输车辆技术管理规定（2016年1月22日中华人民共和国交通运输部令第1号）.

［7］ 汽车综合性能检验机构能力的通用要求.GB/T 17993.

［8］ 检验检测机构资质认定能力评价机动车检验机构要求.RB/T 218—2017.

［9］ 检验检测机构资质认定能力评价　检验检测机构通用要求.RB/T 214—2017.

参考文献